高等职业教育通识类课程教材

计算机基础应用教程
（第二版）

主　编　李佼辉　栾奕娜

副主编　于新奇　马峰柏　王来丽　聂树成

主　审　王树军

中国水利水电出版社
www.waterpub.com.cn
·北京·

内 容 提 要

本书为校企合作开发教材，内容紧密对标教育部下发的《高等职业教育专科信息技术课程标准（2021 年版）》，将信息检索、新一代信息技术、科学精神、信息素养与社会责任等内容融入其中。本书从计算机的实际操作出发，按照项目导向、任务驱动的教学方法组织内容，兼顾全国计算机等级考试和计算机操作员职业资格考试的要求，在强调基本理论、基本方法的同时注重应用能力的培养，并尽可能反映计算机发展的最新技术，内容翔实、结构清晰、精讲多练、实用性强。

本书共 6 个模块：计算机基础知识、Windows 10 操作系统、文字处理软件 Word 2016、表格处理软件 Excel 2016、幻灯片制作软件 PowerPoint 2016、信息素养与社会责任。

本书可作为应用型本科院校、高等职业院校及成人高校相关专业的教材，也可供相关培训机构及企业管理人员使用。

本书免费提供实训素材、教学课件、习题答案，读者可以从中国水利水电出版社网站（www.waterpub.com.cn）或万水书苑网站（www.wsbookshow.com）下载。

图书在版编目（ＣＩＰ）数据

计算机基础应用教程 / 李佼辉，栾奕娜主编. -- 2
版. -- 北京：中国水利水电出版社，2022.9（2023.9 重印）
高等职业教育通识类课程教材
ISBN 978-7-5226-0901-0

Ⅰ. ①计… Ⅱ. ①李… ②栾… Ⅲ. ①电子计算机-
高等职业教育-教材 Ⅳ. ①TP3

中国版本图书馆CIP数据核字(2022)第141182号

策划编辑：崔新勃　　　　责任编辑：魏渊源　　　　封面设计：梁　燕

书　　名	高等职业教育通识类课程教材 **计算机基础应用教程（第二版）** JISUANJI JICHU YINGYONG JIAOCHENG
作　　者	主 编 李佼辉 栾奕娜 副主编 于新奇 马峰柏 王来丽 聂树成 主 审 王树军
出版发行	中国水利水电出版社 （北京市海淀区玉渊潭南路 1 号 D 座　100038） 网址：www.waterpub.com.cn E-mail：mchannel@263.net（答疑） 　　　　 sales@mwr.gov.cn 电话：（010）68545888（营销中心）、82562819（组稿）
经　　售	北京科水图书销售有限公司 电话：（010）68545874、63202643 全国各地新华书店和相关出版物销售网点
排　　版	北京万水电子信息有限公司
印　　刷	三河市德贤弘印务有限公司
规　　格	184mm×260mm　16 开本　16 印张　360 千字
版　　次	2020 年 9 月第 1 版　2020 年 9 月第 1 次印刷 2022 年 9 月第 2 版　2023 年 9 月第 3 次印刷
印　　数	4001—7000 册
定　　价	59.00 元

第二版前言

在信息技术飞速发展的大背景下，如何提高学生的计算机应用能力，增强学生利用计算机网络资源优化自身知识结构及技能水平的自觉性，已成为高素质技能型人才培养过程中的重要命题。为了适应当前高职高专教育教学改革的形势，满足高职院校计算机应用基础课程教学的要求，特编写本书。

本书由黑龙江农业职业技术学院和东软教育科技集团有限公司共同开发编写，学院老师长期在教学一线从事计算机基础课程教学和教育研究工作，企业参编人员也都具有非常丰富的实践技能。在编写过程中，编者将长期积累的教学经验和工作体会融入本书，并采用项目教学的理念设计课程标准并组织本书内容。

本书主要有以下几方面特色：

1. 内容全面，实用性强，资源丰富。本书共6个模块：计算机基础知识、Windows 10 操作系统、文字处理软件 Word 2016、表格处理软件 Excel 2016、幻灯片制作软件 PowerPoint 2016、信息素养与社会责任。模块中的案例都经过精心挑选，具有很强的针对性、实用性。掌握这些案例后，学生可以快速地将其应用到日常的学习、生活中，增强成就感。提供知识拓展、任务拓展、模块实训、课后习题等在线资源，供学习者扫码访问，扩充学习途径。

2. 采用项目任务的编写模式。把每个模块按照项目划分，一个完整项目可单独拆卸，方便使用和操作。尤其注重学生知行合一，强化实践操作技能，力求语言精练、内容实用，操作步骤详略得当，并采用了大量图片，以方便学生自学。

3. 融入思政教育。每个模块以《荀子·劝学》开篇，启发思考。在案例素材中加入思政教育和思政拓展，激发学习动力，明确学习目标。每个项目最后有"学习总结"，供学生记录心得、笔记或绘制思维导图，或老师、同学之间填写评语，便于总结评价，提高综合素养。

4. 课后习题指导练考。围绕全国计算机等级考试和计算机操作员职业资格考试的知识点设计课后习题，可扫码下载后整理成册，便于练习和备考。

本书由李佼辉、栾奕娜任主编，负责全书的结构设计和统稿工作。于新奇、马峰柏、王来丽、聂树成任副主编，王树军担任主审。模块一、模块二由李佼辉编写，模块三的项目1至项目3和在线资源由栾奕娜编写，模块三的项目4至项目6和模块四的项目1由于新奇编写，模块四的项目2至项目5由马峰柏编写，模块五的项目1至项目3由王来丽编写，模块五的项目4、项目5和模块六及课后习题由聂树成编写，任雪冬参与了部分章节内容的编写。

由于编者水平有限，书中难免存在疏漏之处，欢迎广大读者批评指正。

编者
2022年5月

第一版前言

　　"计算机应用基础"是为高等职业学校非计算机专业学生开设的计算机基础教育课程，是高等职业学校开设的一门公共基础课。为了体现计算机知识的实用、够用，服务于相应的岗位群，突出计算机工具应用的能力，本教材依据教育部《高职高专教育计算机公共基础课程教学基本要求》编写而成，是一本既有一定的理论基础，又注重操作技能和人文素养养成的实用教程。

　　考虑实际工作中的计算机操作系统及应用软件等情况，同时结合全国计算机等级考试新大纲，本教材选用了 Windows 7 和 Office 2010 这两款软件，对最新的计算机相关技术也作了介绍。在办公处理案例及应用技能方面既体现了知识点的普适性，又重点突出了实际文件管理及办公操作应用的典型性。同时充分挖掘教学内容，与课程思政深度融合，坚持立德树人，将知识传授与价值引导有机统一，学生在获得计算机专业知识和操作技能的基础上，提高获取新知识的能力，具备科学精神和人文素养，努力成为综合素质高、全面发展的新青年。

　　全书共 4 部分 7 个项目：项目 1 Windows 7 操作系统，主要强调中文 Windows 7 操作系统的使用，包括资源管理器的使用、系统的设置、多媒体技术等典型应用；项目 2 计算机网络基础知识，讲述计算机网络基础知识及因特网技术基础；项目 3 文档的基本应用，主要讲述文字处理软件 Word 2010 的文字和段落编排、表格的创建、图文混排等典型操作及新功能；项目 4 文档的高级应用，主要讲述文字处理软件 Word 2010 图表及图形的插入和编辑、复杂版式的图文混排及长文档的排版；项目 5 电子表格的基本操作，主要讲述 Excel 2010 电子表格格式设置、公式应用，特别突出在财务方面的数据处理；项目 6 电子表格的高级操作，讲述分类汇总、数据透视表等功能；项目 7 PowerPoint 的基本操作，介绍演示文稿软件 PowerPoint 2010 的典型使用方法。

　　教材以近年来全国计算机基础知识考试的精选试题作为课后习题，并配有 39 个微课视频和一个 500 分钟的体系完整的慕课教学视频，以及即学即练的在线测试、电子课件等在线课程资源，方便教师教学和学生课后移动化学习。

　　为了让学生能顺利通过等级考试，本书讲授学时建议为 64 学时（包括上机实验时间）。教师在教学过程中既要强调等级考试要求的知识系统性，同时也要使学生对本教材涉及的实际操作技能达到熟练运用，突出计算机应用服务于岗位的特点。

　　本书由王树军任主编（负责统稿），于新奇、王丽艳任副主编，李佼辉任主审，参与编写的还有王来丽、柳雲莉。其中项目 1、项目 2 由王树军编写，项目 3 由于新奇编写，项目 4、项目 5 由王丽艳、于新奇、柳雲莉编写，项目 6 由柳雲莉编写，项目 7 由王来丽编写。

　　由于编写时间仓促，加之编者水平有限，书中难免有不足之处，恳请读者批评指正。

编　者

2020 年 6 月

目　录

模块一 计算机基础知识

模块重点

- 计算机的发展及系统组成
- 计算机基础操作与组成部件
- 文字录入
- 常用数制及编码
- 计算机信息安全
- 计算机领域的前沿技术

教学目标

- 了解计算机的发展
- 掌握计算机的系统组成
- 掌握计算机的基础操作与组成部件
- 掌握文字录入的方法
- 掌握不同数制之间的转换
- 了解信息安全与计算机病毒的防治
- 了解计算机领域的前沿技术

思政园地

君子曰：学不可以已。青，取之于蓝，而青于蓝；冰，水为之，而寒于水。木直中绳，𫐓以为轮，其曲中规，虽有槁暴，不复挺者，𫐓使之然也。

——《荀子·劝学》

译文 君子说：学习是不可以停止的。靛青是从蓝草里提取的，可是比蓝草的颜色更深；冰是水凝结而成的，却比水还要寒冷。木材挺直得如同木工的墨绳，用煣的工艺把它制成车轮，那么木材的弯度就与圆规画的一样，即使再干枯了，木材也不会再挺直，是因为经过加工，使它成为这样的。

项目1 计算机的发展和系统组成

项目分析

本项目主要介绍计算机的发展历史、不同标准下计算机的分类、微型计算机的系统组成。要求了解计算机的发展与分类，掌握计算机的软件系统组成和硬件系统组成。

任务1.1 计算机的发展

【任务目标】本任务要求学生了解计算机的发展历史，掌握不同历史阶段计算机的特点，了解未来计算机的发展趋势。

1. 计算机的发展

1946年，在美国宾夕法尼亚大学，第一台数字电子计算机ENIAC（Electronic Numeric Integrator and Calculator）问世。它的出现使人类社会从此进入了电子计算机时代。根据计算机所采用的电子元器件不同，计算机的发展经历了以下4代：

（1）第一代（1946－1958年）：电子管计算机。第一代计算机的基本特征是采用电子管作为计算机的逻辑元器件，因此称为电子管计算机，也叫真空管计算机。受当时电子技术的限制，每秒运算速度仅为几千次至几万次，内存容量仅为几千字节。其数据表示主要是定点数，使用机器语言或汇编语言编写程序。第一代电子计算机体积庞大、造价昂贵，用于军事和科学研究工作。其代表机型有IBM 650（小型机）、IBM 709（大型机）。

（2）第二代（1959－1964年）：晶体管计算机。第二代计算机的基本特征是采用晶体管作为计算机的逻辑元器件，因此称为晶体管计算机。由于电子技术的发展，运算速度达每秒几十万次，内存容量增至几十千字节。与此同时，计算机软件技术也有了较大发展，出现了FORTRAN、COBOL、ALGOL等高级语言，极大地简化了编程工作。与第一代电子计算机相比，晶体管电子计算机体积小、成本低、功能强、可靠性更高，除了科学计算外，还用于数据处理和事务处理。其代表机型有IBM7094、CDC7600。

（3）第三代（1965－1971年）：集成电路计算机。第三代计算机的基本特征是采用小规模集成电路作为计算机的逻辑元器件，因此称为集成电路计算机。随着固体物理技术的发展，集成电路工艺已可以在几平方毫米的单晶硅片上集成由十几个甚至上百个电子元器件组成的逻辑电路。与第二代电子计算机相比，它的运算速度每秒可达几十万次到几百万次；存储器进一步发展，体积越来越小，价格越来越低；软件越来越完善，高级程序设计语言在这个时期有了很大发展，在监控程序的基础上发展形成了操作系统。这一时期的计算机同时朝着标准化、通用化、多样化、机种系列化发展，计算机开始广泛应用在各个领域。其代表机型有IBM360系列、DEC公司的PDP系列小型机等。

（4）第四代（1971年至今）：大规模/超大规模集成电路计算机。第四代计算机的基本特征是采用大规模集成电路和超大规模集成电路作为计算机的逻辑元器件，因此称为大规模集成电路计算机。与第三代电子计算机相比，其运算速度达到了每秒上亿次，甚至上千亿次的数量级，操作系统也不断完善。自 20 世纪 70 年代以来，集成电路制作工艺取得了迅猛的发展，在硅半导体上可集成更多的电子元器件，计算机逻辑器件采用了大规模集成电路和超大规模集成电路技术，半导体存储器代替了磁芯存储器，使计算机体积越来越小。在这一时期，微型机在家庭中得到了普及，并开始了计算机网络时代。

2．计算机的发展趋势

计算机技术是世界上发展最快的科学技术之一，产品不断升级换代。当前计算机正朝着巨型化、微型化、智能化、网络化等方向发展。计算机本身的性能越来越优越，应用范围也越来越广泛。

 知识拓展

扫一扫二维码，查看未来计算机的发展趋势。

未来计算机的发展趋势

任务 1.2　计算机的系统组成

【**任务目标**】本任务要求学生掌握计算机系统的组成。

一个完整的计算机系统包括硬件系统和软件系统两部分，如图 1-1 所示。

图 1-1　计算机系统组成

1．计算机的硬件系统

计算机的硬件系统由运算器、控制器、存储器、输入设备和输出设备 5 部分组成，如图 1-2 所示。

（1）运算器：计算机中执行各种算术和逻辑运算操作的部件，由算术逻辑单元（ALU）、累加器、状态寄存器、通用寄存器等组成。

（2）控制器：它是整个计算机的指挥中心，根据操作者的指令控制计算机系统的整个执行过程，使计算机各部件协调一致并连续地工作。

运算器和控制器合称"微处理器"或称为"中央处理器"，简称 CPU，它是计算机的核心部件。

图 1-2　计算机硬件系统组成

（3）存储器：计算机系统中的记忆设备，用来存放程序和数据。计算机中的全部信息，包括输入的原始数据、计算机程序、中间运行结果和最终运行结果都保存在存储器中。它根据控制器指定的位置存入和取出信息。存储器分为内存储器和外存储器两大类，简称内存和外存。内存储器又称为主存储器，外存储器又称为辅助存储器。常见存储器的分类如图 1-3 所示。

图 1-3　存储器分类

内存是 CPU 可直接访问的存储器，是计算机中的工作存储器，当前正在运行的程序与数据都必须存放在内存中。内存分为 ROM、RAM、Cache。

1）只读存储器（ROM）：ROM 中的数据或程序一般是在将 ROM 装入计算机前事先写好的。一般情况下，计算机工作过程中只能从 ROM 中读出事先存储的数据，而不能改写。ROM 常用于存放固定的程序和数据，并且断电后仍能长期保存。ROM 的容量较小，一般存放系统的基本输入/输出系统（BIOS）等。

2）随机存储器（RAM）：随机存储器的容量与 ROM 相比要大得多，CPU 从 RAM 中既可读出信息又可写入信息，但断电后所存的信息就会丢失。

3）高速缓冲存储器（Cache）：随着 CPU 主频的不断提高，CPU 对 RAM 的存取速度加快了，RAM 的响应速度相对较慢，造成了 CPU 等待的情况，降低了处理速度，浪费了

CPU 的性能。为协调二者之间的速度差，在内存和 CPU 之间设置一个与 CPU 速度接近的、高速的、容量相对较小的存储器，把正在执行的指令地址附近的一部分指令或数据从内存调入这个存储器，供 CPU 在一段时间内使用。这对提高程序的运行速度有很大的作用。这个介于内存和 CPU 之间的高速小容量存储器称作高速缓冲存储器（Cache），一般简称为缓存。

外存是主机的外部设备，存取速度较内存慢得多，用来存储大量的暂时不参加运算或处理的数据和程序，一旦需要，可成批地与内存交换信息。外存是内存储器的后备和补充，不能和 CPU 直接交换数据。现在计算机中广泛采用了价格较低、存储容量大、可靠性高的磁介质作为外存储器，如早期使用的软磁盘、硬磁盘和磁带等，还有采用激光技术存储信息的光盘存储器，如只读型光盘（CD-ROM）和读写型光盘（CD-RW），还有目前使用的 U 盘和移动硬盘。

（4）输入设备：向计算机输入数据和信息的设备，是计算机与用户或其他设备通信的桥梁。输入设备是用户和计算机系统之间进行信息交换的主要装置之一。键盘、鼠标、摄像头、扫描仪、光笔、手写输入板、游戏杆、语音输入装置等都属于输入设备。

（5）输出设备：是人与计算机交互的一种部件，用于数据的输出。它把各种计算结果数据或信息以数字、字符、图像、声音等形式表示出来。常见的有显示器、打印机、绘图仪、影像输出系统、语音输出系统、磁记录设备等。

2. 计算机的软件系统

软件系统是指为运行、管理和维护计算机而编制的各种程序。通过软件与计算机进行人机交互，实现对计算机的操作。计算机的软件系统主要包括系统软件和应用软件两大类。

（1）系统软件：是指控制和协调计算机及外部设备，支持应用的软件开发和运行的系统，是无须用户干预的各种程序的集合，主要功能是调度、监控和维护计算机系统，负责管理计算机系统中各种独立的硬件，使得它们可以协调工作。系统软件主要包括操作系统、语言处理程序、数据库管理系统和支撑服务软件。

1）操作系统：操作系统（Operating System，OS）管理计算机系统的全部硬件资源、软件资源及数据资源，控制程序运行，改善人机界面，为其他应用软件提供支持等，使计算机系统所有资源最大限度地发挥作用，为用户提供方便的、有效的、友善的服务界面。常见的操作系统主要有 DOS、OS/2、UNIX、XENIX、Linux、Windows、Netware 等。

2）语言处理程序：用各种程序设计语言编写的源程序，计算机是不能直接执行的，必须经过翻译才能执行，这些翻译程序就是语言处理程序，包括汇编程序、编译程序和解释程序等，它们的基本功能是把用面向用户的高级语言或汇编语言编写的源程序翻译成机器可执行的二进制语言程序。

3）数据库管理系统：主要用来建立存储各种数据资料的数据库，并进行操作和维护。常用的数据库管理系统有 FoxPro、FoxBASE+、Access 和大型数据库管理系统（如 Oracle、DB2、Sybase、SQL Server 等）。

4）支撑服务软件：这些程序又称工具软件，如系统诊断程序、调试程序、排错程序、编辑程序、查杀病毒程序等，都是为维护计算机系统的正常运行或支持系统开发所配置的软件系统。

（2）应用软件：是用户可以使用的各种程序设计语言，以及用各种程序设计语言编制的应用程序的集合，分为应用软件包和用户程序。应用软件包是利用计算机解决某类问题而设计的程序的集合，供多用户使用。常见的应用软件有办公室软件（包括文字处理器、绘图程序、基础数据库、档案管理系统等）、互联网软件（包括电子邮件客户端、网页浏览器、FTP 客户端、下载工具等）、多媒体软件（包括媒体播放器、图像编辑软件、音讯编辑软件、视讯编辑软件、计算机辅助设计软件、计算机游戏等）等。

3．程序设计语言

程序设计语言也称程序开发软件，主要包括机器语言、汇编语言和高级语言。

（1）机器语言：是直接用二进制代码表示的指令来编写程序的方法，称为面向机器的语言。

（2）汇编语言：是通过助记符和十六进制数表示的指令来编写程序的方法，称为面向机器的语言。

机器语言和汇编语言一般都称为低级语言。

（3）高级语言：又称算法语言，具有严格的语义规则。在语言表示和语义描述上，更接近于人类的自然语言和数学语言。计算机高级语言的种类很多，如 C、Pascal、C++、Java 等。

4．计算机中的常用术语

- 字符：指计算机可以接收的任何字母、数字及符号等。
- 位：即 bit，它是一个二进制数位，是计算机存储数据的最小单位。
- 字节：即 Byte（简写为 B），一个字节由 8 个二进制数组成。即一个字节等于 8 位。字节是信息组织和存储的基本单位。在 ASCII 码中，一个英文字母（不分大小写）占一个字节的空间，一个中文汉字占两个字节的空间。常用的信息储存单位有 KB、MB、GB、TB。

  1KB=1024B

  1MB=1024KB

  1GB=1024MB

  1TB=1024GB

- 主频：指计算机内部的主时钟在一秒之内连续发出的脉冲信号数，以 MHz 为单位。1MHz 表示每秒发出 100 万个同步脉冲。主频是衡量计算机工作速度的一个重要指标，主频越高，计算机的工作速度越快。
- 盘符：是 DOS、Windows 系统对于磁盘存储设备的标识符。一般使用 26 个英文字母加上一个冒号来标识。由于历史的原因，早期的 PC 一般装有两个软盘驱动器，因此，"A:" 和 "B:" 这两个盘符就用来表示软驱。
- 内存容量：指内存存储器能存储信息的总字节数。一般来说，内存容量越大，计算机的处理速度越快。随着内存价格的降低，计算机所配置的内存容量不断提高，从早期的 KB 增加到目前的 MB、GB 等。随着更高性能的操作系统的推出，计算机的内存容量会越来越大。

 知识拓展

扫一扫二维码，查看计算机的系统组成拓展知识。

计算机的系统组成
拓展知识

项目2 计算机基础操作

 项目分析

本项目主要讲解计算机开机、关机和计算机的组成部件。要求掌握计算机的开关机方法、计算机的组成部件以及各个组成部件的性能指标。

任务 计算机的开机和关机

【任务目标】本任务主要讲解计算机开机和关机的基本方法。

【任务操作1】计算机的开机。

（1）检查主机与外部设备的连接是否正确。

（2）打开外部电源开关，用大拇指按下计算机主机上的 POWER 按钮，计算机就会自动启动，在显示器上出现了许多字符和图形，这个过程叫作开机自检，如果计算机正常，则会继续显示其他符号，如果不正常，计算机就会终止，这个时候，就要检查机器故障。

【任务操作2】计算机的关机。

1. 正常关机

（1）退出正在运行的程序。

（2）单击"开始"→"关闭计算机"→"关机"。

（3）先关闭主机的电源开关，后关闭显示器的电源（如果显示器的电源线是连在主机上的，只需要关闭主机的开关）。

2. 非正常关机

计算机在运行过程中遇到死机之类的问题，需要非正常关机，具体操作如下：

方法1：按 Ctrl+Alt+Del 组合键，打开 Windows 任务管理器，在菜单栏中选择"关机"。

方法2：按下计算机主机上的 POWER 按钮几秒，也可以关闭计算机。

方法3：按下计算机主机上的 POWER 按钮边上的 RESET 按钮，可以重新启动计算机。

说明提示

注意：从开机到关机或从关机到开机的时间间隔不要少于10秒。

计算机开机和关机的顺序比较：开机时要先开计算机外部设备的电源，然后再打开主机的电源；关机时要先关主机电源，再关其他外部设备的电源。

知识拓展

扫一扫二维码，查看计算机的组成部件。

计算机的组成部件

项目 3　文字录入

项目分析

本项目主要介绍键盘结构、指法操作和击键要求。要求熟练正确地录入数据，能够安装、删除、设置和使用各种输入法。

任务 3.1　计算机键盘操作

【任务目标】本任务要求学生认识键盘结构，掌握指法操作，能够熟练地录入文字。

【任务操作 1】认识键盘结构。

键盘的类型很多，键盘的按键数曾出现过 83 键、93 键、96 键、101 键、102 键、104 键、107 键、108 键等。104 键的键盘在 101 键键盘的基础上为 Windows 9X 平台增加了 3 个快捷键（有两个是重复的），所以也被称为 Windows 9X 键盘。

键盘按照不同的应用可以分为台式机键盘、笔记本电脑键盘、工控机键盘三大类。人们通常使用的是 104 键键盘，如图 1-4 所示。

图 1-4　104 键键盘

键盘分为 4 个区域：功能键区、基本键区、编辑键区和数字键区。

（1）功能键区。最上排的 F1～F12 键被称为功能键。主要作用如下：

- Esc：强行退格键，用来撤消某项操作。
- F1～F12：用户可以根据自己的需要来定义它的功能，F1 通常用作帮助键。

（2）基本键区。在基本键区，除了包含数字和字母键外，还有下列辅助键。

- Tab：制表键。此键可输入制表符，一般一个制表符相当于 8 个空格。

- CapsLock：大写锁定键。对应此键有一个指示灯在键盘的右上角。这个键为反复键，击一下此键，指示灯亮，此时输入的字母为大写，再击一下此键，指示灯灭，输入状态变为小写。
- Shift：换档键。在基本键区的下方左右各有一个 Shift 键。输入方法是按住 Shift 键，再按有双字符的键，即可输入该键上方的字符。例如，按住 Shift 键不放，击一下 ⑧ 键，即可输入一个 "*"。
- Ctrl：控制键。与其他键同时使用，用来实现应用程序中定义的功能。
- Alt：辅助键。与其他键组合成复合控制键。
- Enter：回车键。通常被定义为结束命令行、文字编辑中的回车换行等。
- Backspace：空格键。用来输入一个空格，并使光标向右移动一个字符的位置。

（3）编辑键区。编辑键区包含了 4 个方向键和几个控制键。

- PageUp：按此键，光标翻到上一页。
- PageDown：按此键，光标移到下一页。
- Home：用来将光标移到当前行的行首。
- End：用来将光标移到当前行最后一个字符的右边。
- Delete：用来删除当前光标右边的字符。
- Insert：用来切换插入与改写状态。

（4）数字键区。数字键区上有一个 NumLock 键，按下此键时，键盘上的 NumLock 指示灯亮，表示此时为输入汉字和运算符号的状态。当再次按下 NumLock 键时，指示灯灭，此时数字键区的功能和编辑键区的功能相同。

【任务操作 2】指法操作与击键要求。

1. 指法操作

微机上使用的是标准键盘，键盘上的字符分布是根据字符的使用频度确定的。人的 10 个手指的灵活程度不一样，灵活一点的手指分管使用频率较高的键位，反之，不太灵活的手指分管使用频率低的键位。将键盘一分为二，左右手分管两边，键位的指法分布如图 1-5 所示。

图 1-5 指法分布

除大拇指外，每个手指都负责一小部分键位。击键时，手指上下移动，这样的分工，手指移动的距离最短，错位的可能性最小且平均速度最快。

大拇指因其特殊性，最适合敲击 Backspace 键。

"ASDF…JKL;"所在行位于键盘基本区域的中间位置，此行离其他行的平均距离最短，将这一行定为基准行，这一行上"ASDF"和"JKL;"8个键定为基准键。基准键位是手指的常驻键位，即手指一直落在基准键上，当击其他键时，手指移动击键后，立即返回到基准键位上，再准备去击其他键。

基本键区周围的一些键，按照就近击键的原则，属于小指击键的范围。

操作数字键区时，右手中指落在"5"（基准键位）上，中指分管2、5、8，食指分管1、4、7，无名指分管3、6、9，小指专击Enter键，0键由大拇指负责。

操作方向键的方法：右手中指分管↑和↓键，食指和无名指分别击←和→键。

2. 击键要求

只有通过大量的指法练习，才能熟记键盘上各个键的位置，从而实现盲打。用户可以先从基准键位开始练习，再慢慢向外扩展直至整个键盘。要想高效准确地输入字符，还要掌握击键的正确姿势和击键方法。

（1）正确的击键姿势。

- 稿子放在左侧，键盘稍向左放置。
- 身体坐正，腰脊挺直。
- 座位的高度适中，便于手指操作。
- 两肘轻贴身体两侧，手指轻放在基准键位上，手腕悬空平直。
- 眼睛看稿子，不要盯着键盘。
- 身体其他部位不要接触工作台和键盘。

（2）正确的击键方法。

- 按照手指划分的工作范围击键，是"击"键，而不是"按"键。
- 手指的全部动作只限于手指部分，手腕要平直，手臂不动。
- 手腕至手指呈弧状，手指的第一关节与键面垂直。
- 击键时以指尖垂直向键位瞬间爆发冲击力，并立即由反弹力返回。
- 击键力量不可太重或太轻。
- 指关节用力击键，胳膊不要用力，但可结合使用腕力。
- 击键声音清脆，有节奏感。

【任务操作3】打开Word或记事本输入如下内容，并保存文件。

A computer is a machine that manipulates data according to a list of instructions.The first devices that resemble modern computers date to the mid-20th century (*around 1940 - 1945*), although the computer concept and various machines similar to computers existed earlier. Early electronic computers were the size of a large room, consuming as much power as several hundred modern personal computers.

（1）单击"开始"→"Windows 附件"→"记事本"打开文字编辑软件，如图 1-6 所示。

（2）通过 Alt + Shift 组合键切换不同的输入法，在英文状态下输入上面的文字。

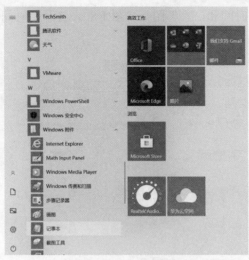

图 1-6　打开文字编辑软件

（3）单击"文件"→"保存"，在"文件名"文本框中输入"指法练习"，单击"保存"按钮，保存文件。

⊠**说明提示**

注意：明确手指分工，坚持正确的姿势与指法，坚持不看键盘（盲打）。

任务 3.2　输入法的使用

【**任务目标**】本任务要求学生掌握各种输入法的安装、删除、设置，熟练切换输入法录入数据。

【**任务操作**】安装、删除输入法。

Windows 10 在安装时预装了微软拼音、微软五笔等输入法。用户也可以根据自己的需要安装或删除其他输入法。

要安装新的输入法，应执行如下操作：

（1）单击左下角 Windows 键，选择"设置"，如图 1-7 所示。

图 1-7　选择"设置"

（2）单击其中的"时间和语言"图标（图1-8），打开"时间和语言"窗口。

图1-8　单击"时间和语言"图标

（3）单击"语言"，打开"语言"窗格，其中"添加首选的语言"按钮是用来添加输入法语言的，当使用其他语言时可以使用此按钮进行添加，如图1-9所示。

图1-9　"语言"窗格

（4）单击"中文（中华人民共和国）"会出现"选项"按钮，如图1-10所示，单击"添加键盘"可以添加输入法，如图1-11所示。

如果用户要删除某个输入法，只需单击已经安装的输入法，然后单击出现的"删除"按钮，就能够删除这个输入法了。

在Windows 10中，对应不同的窗口可以使用不同的输入法，其默认的输入法是英文。要切换输入法，可执行如下操作：在键盘上按Ctrl+Backspace组合键，可以在英文和中文输入法之间切换；按Ctrl+Shift组合键可以依次在各种输入法之间切换。

图 1-10 "选项"按钮　　　　　　　　　图 1-11 单击"添加键盘"

案例实训

【实训要求】

用一种文字编辑软件（常用 Word、记事本、写字板等）新建一个文档，输入如下内容，并保存文件。

> **中国顶级计算机科学家姚期智**
>
> 在 71 岁之前，他不是中国公民，但是他的身上流淌着中国人的血液。2017 培养拔尖人才，用世界上最好的教学方法来培养中国学生。他是迄今为止，唯一获得计算机领域的最高奖——图灵奖的华人，姚期智。
>
> 1946 年，姚期智生于上海，祖籍湖北孝感。他刻苦学习，从物理专业到计算机专业的转型，是因为他看到了计算机是人类的未来。毕业后，他在多所世界著名高校任教。他始终关注着国际前沿学科发展，秉承"大胆、创新"的科学精神，在计算机领域和量子通信等尖端领域，取得了非凡的成就。最先提出量子通信复杂性，完成了量子计算机的理论基础。基于复杂性的密码学和安全形式化方法方面有根本性贡献，奠定了现代密码学基础。他的科研为他带来了诸多顶级荣誉，41 岁获得数学界大奖——波利亚奖，50 岁获得计算机科学界世界级大奖——高德纳奖等等。
>
> 因为对计算理论包括伪随机数生成、密码学与通信复杂度的突出贡献，2000 年获得计算机界的"诺贝尔奖"——图灵奖，是迄今为止唯一获得该奖的华人。姚期智蜚声国际科学界，成为众人追逐的科学家。2004 年起，他决定接受清华大学的邀请，回国任全职教授，将全部的精力投入到中国学生培养上来。
>
> 他的根在中国，对祖国的思念常常让他心潮澎湃。他不止一次地说，"中国是我的祖国，我有很深的感情，希望能为祖国尽点绵薄之力。"
>
> 终于，时机成熟了。临行前，他对学生说，"我要回去了，永远的。"他辞去普林斯顿大学的终身教职，卖掉美国的房子，踏上归国的征程。

【实训步骤】

（1）单击"开始"→"Windows 附件"→"记事本"打开文字编辑软件，按要求录入文字。

（2）通过 Alt + Shift 组合键切换不同的输入法，在中文状态下输入上面的文字。

（3）单击"文件"→"保存"，在"文件名"文本框中输入"中国顶级计算机科学家姚期智"，单击"保存"按钮，保存文件。

知识拓展

（1）常用汉字输入法中的热键窍门。

输入法的切换：Ctrl+Shift 组合键，通过它可在已装入的输入法之间进行切换。

打开和关闭输入法：Ctrl+Backspace 组合键，通过它可实现英文输入法和中文输入法的切换。

全角和半角切换：Shift+Backspace 组合键，通过它可进行全角和半角的切换。

（2）常见汉字输入方法有以下 3 种。

1）拼音方法（音码）。拼音输入法可分为全拼、简拼、双拼等，它是用汉语拼音作为汉字的输入编码，以输入拼音字母实现汉字的输入。特点：不需要专门的训练，但重码率高。

2）字形方法（形码）。字形方法是把一个汉字拆成若干偏旁、部首（字根）或笔画，根据字形拆分部件的顺序输入汉字。特点：重码率低、速度快，但必须重新学习并记忆大量的字根和汉字拆分原则。常见的字形输入法有五笔字型码、郑码等。

3）音形方法（音形码）。把拼音方法和字形方法结合起来的一种汉字输入法。一般以音为主，以形为辅，音形结合，取长补短。特点：兼顾了音码、形码的优点，既降低了重码率，又不需要大量的记忆，具有使用简便、速度快、效率高等优点。

（3）中英文混合输入。如果在中文状态下使用智能 ABC 输入法输入很少的英文字母，使用 Ctrl+Backspace 组合键切换中英文输入状态就显得麻烦了，此时，只需在要输入的英文前加个"v"就可以了，如要输入 china，只需在中文状态框中输入"v"+"china"就可以了。

（4）软键盘使用。软键盘是一种用鼠标输入各种符号的工具，打开软键盘后，可以单击软键盘上的各键，输入如希腊字母、日文平假名、西文字母、制表符等各种符号。系统支持软键盘功能，这可以增加用户输入的灵活性。软键盘开关如图 1-12 所示。

图 1-12　软键盘

右击输入法状态窗口的按钮，系统提示出如图 1-13 所示的 13 种软键盘，可根据需要选取其中的任意一种。

例如，选取"标点符号"，则表示目前软键盘为标点符号键盘。图 1-14 为标点符号软键盘的示意图。

图 1-13　13 种软键盘　　　　　　图 1-14　标点符号软键盘

例如，如果想输入标点符号"》"，只需单击键 H 即可输入。而当需要输入"【"时，只需单击键 C 即可（此时，在按大键盘上 H 键也可输入"》"，按大键盘上的 C 键也可输入"】"）。

提示：软键盘上，每个键盘位上显示的红色符号为计算机大键盘上的每个键的标记，黑色符号表示单击该键或按大键盘上该键可以输入的符号。

 思政拓展

通过对本实训的操作，案例主人公的学习经历、对科学研究的专注、对祖国的执着情感，对你来说有哪些启迪？对你的人生规划产生哪些影响？

项目 4　数制及编码

 项目分析

本项目主要讲解计算机系统中的数制及编码。要求理解信息编码和数制基本术语，了解二进制数、八进制数、十进制数、十六进制数的特点，掌握二进制数、八进制数、十六进制数与十进制数之间的相互转换法则和计算方法，以及了解计算机中信息编码的相关知识。

任务 4.1　计算机中的信息表示

【任务目标】本任务要求学生理解信息编码和数制中的基本术语。

【任务操作】认识计算机中的信息编码和数制基本术语。

1. 计算机中的信息编码

按照冯·诺依曼的设计思想，计算机中的信息都是用二进制编码表示的，也就是说计算机只能识别二进制数。二进制只有"0"和"1"两个数，其运算简单，易于物理实现，通用性强。

在日常生活中，人们使用的数据一般是十进制，而计算机中所有的数据都是用二进制表示的，为了书写方便，有时也采用八进制或者十六进制表示，因此必须进行数据的转换。

2. 认识数字系统

计算机内的数字概念与数学上的概念是一致的，涉及以下几个概念：

● 进位计数制：简称数制，是人们利用符号来计数的方法。上面提到的十进制、二进制、八进制和十六进制都是学习计算机知识应该掌握的数制。

● 数码：一组用来表示某种数制的符号，如 1、2、3、4、A、B、C、Ⅰ、Ⅱ、Ⅲ、Ⅳ等。

● 基数：数制所使用的数码个数称为"基"，如二进制的数码是 0、1，那么基数便为 2。

- 位权：指数码在不同位置上的权值。在进位计数制中，处于不同数位的数码代表的数值不同。例如，十进制数 111，个位数上的 1 权值为 10^0，十位数上的 1 权值为 10^1，百位数上的 1 权值为 10^2。以此推理，第 n 位的权值便是 10^{n-1}，如果是小数点后面第 m 位，则其权值为 10^{-m}。

对于一般数制，某一整数位的位权是基数$^{(位数-1)}$，某一小数位的位权则是基数$^{-位数}$。

数码、基数、位权为进位计数制中的三要素。十进制运算中，每位的数值凡是超过 10 就向高位进一位，相邻两位间是十倍的关系，这里的"10"称为进位"基数"。可以想象，若是二进制，则进位基数应该是 2，八进制进位基数应该是 8，十六进制进位基数应该是 16。因此基数反映了数位和位权。

任务 4.2 信息编码

【任务目标】本任务要求学生了解计算机中常用编码的相关知识。

【任务操作】计算机中的信息编码。

计算机中的数据指能够识别并进行存储、处理和传递的各种符号，分为数值数据和非数值数据。非数值数据主要是字符数据，也包括图形、图像、声音等。

信息指经过加工处理后所获得的有用数据。信息的表示形式除了数字和文字外，还包括声音、图形、图像等。它们是一种广义的数据或信息。

由于计算机只能处理二进制数，这就要求用二进制的 0 和 1 按照一定的规则对各种字符数据进行编码，由此就产生了各种编码。

1. BCD 码

人们习惯用十进制来计数，而计算机中则采用二进制，因此为了方便，对十进制的 0～9 这 10 个数字进行二进制编码，这种编码称为 BCD 码，表 1-1 为十进制数和 BCD 码的对照表。

表 1-1 十进制数和 BCD 码的对照表

十进制	BCD 码	十进制	BCD 码
0	0000	5	0101
1	0001	6	0110
2	0010	7	0111
3	0011	8	1000
4	0100	9	1001

例如，将 345 转换为 BCD 码：345=(0011 0100 0101)$_{BCD}$。

注意：BCD 码在书写时，每一个代码之间一定要留有空隙，以避免 BCD 码与纯二进制码混淆。

2. ASCII 码

不同计算机上的字符编码应是一致的，这样便于信息的交换。目前计算机普遍采用的是 ASCII 码（American Standard Code for Information Interchange），即美国国家信息交换校准字符码，现已被国际标准化组织（ISO）采纳，成为一种国际上通用的信息交换码。

ASCII 码是 7 位二进制编码，共表示 128 个不同字符，其中包括英文字母（大写、小写）、数字、算术运算符、标点符号和专用符号等。其编码范围为 00000000 到 11111111（即 ASCII 码值为 0~127），详见表 1-2。

表 1-2　ASCII 码值对照表

4321	765							
	000	001	010	011	100	101	110	111
0000	NUL	DLE	Space	0	@	P	`	p
0001	SOH	DC1	!	1	A	Q	a	q
0010	STX	DC2	"	2	B	R	b	r
0011	ETX	DC3	#	3	C	S	c	s
0100	EOT	DC4	$	4	D	T	d	t
0101	ENQ	NAK	%	5	E	U	e	u
0110	ACK	SYN	&	6	F	V	f	v
0111	BEL	ETB	'	7	G	W	g	w
1000	BS	CAN	(	8	H	X	h	x
1001	HT	EM	)	9	I	Y	i	y
1010	LF	SUB	*	:	J	Z	j	z
1011	VT	ESC	+	;	K	[	k	{
1100	FF	FS	,	<	L	\	l		
1101	CR	GS	-	=	M	]	m	}
1110	SO	RS	.	>	N	^	n	~
1111	SI	US	/	?	O	_	o	Del

从表 1-4 可以看出，ASCII 码值的排列由小到大为字符、数字、大写英文字母、小写英文字母，其中各英文字母按从 A 到 Z 依次增加的方法排列。

3. 汉字编码

汉字是象形文字，数量多、结构复杂，其编码与英文相比也要复杂得多。汉字有多种编码，根据汉字使用场合的不同，汉字的编码分为国标码、内码、输入码和字形码等。

 任务拓展

扫一扫二维码，查看拓展任务——数制转换和二进制的算术运算。

数制转换和二进制的算术运算

项目 5　计算机信息安全

 项目分析

本项目主要讲解计算机病毒与防治。要求了解计算机病毒的概念、特征、传播途径及其表现，掌握计算机病毒的防治措施。本项目以 360 安全卫士为例介绍防病毒软件的安装及使用。

任务 5.1　计算机病毒与防治

【任务目标】本任务要求学生了解计算机病毒的概念、特征、传播途径及其表现，掌握计算机病毒的防治措施。

【任务操作 1】计算机病毒的概念。

1. 计算机病毒的定义

计算机病毒是一种人为编制的特殊计算机程序，在一定条件下就会反复地自我复制和扩散，破坏计算机系统内存储的数据，危及计算机系统正常工作。我国正式颁布实施的《中华人民共和国计算机信息系统安全保护条例》第二十八条中明确指出："计算机病毒，是指编制或者在计算机程序中插入的破坏计算机功能或者毁坏数据，影响计算机使用，并能自我复制的一组计算机指令或者程序代码。"这是我国对计算机病毒的正式定义，但是在实际中，所有会对用户的计算机安全产生威胁的，都被划入了广义的病毒范畴。

2. 计算机病毒的特征

（1）寄生性。计算机病毒寄生在其他程序之中，当执行这个程序时，病毒就起破坏作用，而在未启动这个程序之前，它是不易被人发觉的。

（2）传染性。计算机病毒不但本身具有破坏性，更具有传染性，一旦病毒被复制或产生变种，其传染速度之快令人难以预防。一台计算机染毒后，如果不及时处理，那么病毒会在这台计算机上迅速扩散，而被感染的文件又成了新的传染源，在与其他计算机进行数据交换或通过网络接触时，病毒会继续进行传染。被嵌入的程序叫作宿主程序。

（3）潜伏性。一个编制精巧的计算机病毒程序，进入系统之后一般不会马上发作，可以在几周或者几个月内，甚至几年内隐藏在合法文件中，对其他系统进行传染，而不被人发现。潜伏性越好，其在系统中的存在时间就会越长，病毒的传染范围就会越大。例如，"黑色星期五"病毒不到预定时间一点都觉察不出来，等到条件具备的时候一下子就爆发开来，对系统进行破坏。

（4）隐蔽性。计算机病毒具有很强的隐蔽性，有的可以通过杀毒软件检查出来，有的根本就查不出来，有的时隐时现、变化无常，这类病毒处理起来通常很困难。

（5）破坏性。计算机中毒后，可能会导致正常的程序无法运行，把计算机内的文件删除或进行不同程度的损坏。

（6）可触发性。病毒因某个事件或数值的出现实施感染或进行攻击的特性称为可触发性。病毒运行时，触发机制检查预定条件是否满足，如果满足，启动感染或破坏动作，进行感染或攻击；如果不满足，则继续潜伏。

3. 计算机病毒的传播途径

计算机病毒的传播主要是通过复制文件、传送文件、运行程序等方式进行，而主要的传播途径有以下几种：

（1）硬盘。因为硬盘存储数据多，在其互相借用或维修时，可将病毒传播到其他硬盘上。

（2）闪存盘。闪存盘通常指 U 盘，为了计算机之间互相传递文件，经常使用 U 盘，携带方便的同时也会将一台计算机的病毒传播到另一台计算机。

（3）网络。在计算机普及的今天，人们通过计算机网络互相传递文件、信件，这样使病毒的传播速度又加快了；因为资源共享，人们经常在网上下载免费软件和共享软件，病毒也难免会夹在其中。

4. 计算机感染病毒以后的表现

计算机感染病毒以后有一定的表现形式，了解病毒的表现形式有利于及时发现病毒，消除病毒。常见的表现形式如下：

（1）屏幕显示出现不正常。例如：出现异常图形，显示信息突然消失等。

（2）系统运行不正常。例如：系统不能启动，运行速度减慢，频繁出现死机现象等。

（3）磁盘存储不正常。例如：出现不正常的读写现象，空间异常减少等。

（4）文件不正常。例如：文件长度加长等。

（5）打印机不正常。例如：系统"丢失"打印机，打印状态异常等。

【任务操作 2】计算机病毒的防治。

在使用计算机的过程中，要重视计算机病毒的防治，如果发现了计算机病毒，应该使用专门的杀毒软件及时杀毒。但是最重要的是预防病毒进入计算机。预防计算机病毒的措施如下：

（1）建立良好的使用习惯。例如：对一些来历不明的邮件及附件不要打开，不要上一些不太了解的网站，不要执行从 Internet 下载后未经杀毒处理的软件等。这些必要的习惯会使用户计算机更安全。

（2）关闭或删除系统中不需要的服务。默认情况下，许多操作系统会安装一些辅助服务，如 FTP 客户端、Telnet 和 Web 服务器。这些服务为攻击者提供了方便，对用户没有太大用处，删除它们，就能大大减小被攻击的可能性。

（3）经常升级安全补丁。据统计，有 80% 的网络病毒是通过系统安全漏洞进行传播的，如蠕虫王、冲击波、震荡波等病毒，所以应该定期下载最新的安全补丁，防患于未然。

（4）使用复杂的密码。有许多网络病毒是通过猜测简单密码的方式攻击系统的，因此使用复杂的密码将会大大提高计算机的安全系数。

（5）迅速隔离受感染的计算机。当用户的计算机发现病毒或异常时应立刻断网，以防止计算机受到更多的感染，或者成为传播源，再次感染其他计算机。

（6）了解一些病毒知识。了解一些病毒知识可以及时发现新病毒并采取相应措施，在关键时刻使自己的计算机免受病毒破坏。如果能了解一些注册表知识，就可以定期查看注册表的自启动项是否有可疑值；如果了解一些内存知识，就可以经常查看内存中是否有可疑程序。

（7）最好安装专业的杀毒软件进行全面监控。在病毒日益增多的今天，使用杀毒软件进行防毒是越来越经济的选择，不过用户在安装了反病毒软件之后，应该经常进行升级，将一些主要监控打开，如邮件监控、内存监控等，遇到问题要上报，这样才能真正保障计算机的安全。

（8）用户还应该安装个人防火墙软件。由于网络的发展，用户计算机面临的黑客攻击问题也越来越严重，许多网络病毒都采用了黑客的方法来攻击用户计算机，因此，用户还应该安装个人防火墙软件，将安全级别设为中、高，这样才能有效地防止网络上的黑客攻击。

任务 5.2　杀毒软件

【任务目标】本任务要求学生了解常用杀毒软件的相关知识，掌握常用杀毒软件 360 安全卫士的使用方法。

【任务操作 1】常用杀毒软件介绍。

杀毒软件有很多，目前最常用的国产杀毒软件有 360 杀毒、瑞星、金山毒霸。3 款杀毒软件均各有特点，在此介绍 360 杀毒。360 安全卫士拥有查杀木马、清理插件、修复漏洞、电脑体检等多种功能，并独创了"木马防火墙"功能，依靠抢先侦测和云端鉴别，可全面、智能地拦截各类木马，保护用户的账号、隐私等重要信息。目前木马威胁之大已远超病毒，360 安全卫士运用云安全技术，在拦截和查杀木马的效果、速度以及专业性上表现出色，能有效防止个人数据和隐私被木马窃取，被誉为"防范木马的第一选择"。360 安全卫士自身非常轻巧，同时还具备开机加速、垃圾清理等多种系统优化功能，可大大加快计算机运行速度，内含的 360 软件管家还可帮助用户轻松下载、升级和强力卸载各种应用软件。

国外的杀毒软件在我国最常用的有卡巴斯基、诺顿、EAST NOD32、小红伞等，这些都是很成熟的杀毒软件。卡巴斯基杀毒和防御都很不错，诺顿功能全面，EAST NOD32 则比较小巧，小红伞杀毒能力很强悍，并且还有免费版本。

【任务操作 2】360 安全卫士的下载、安装、卸载及功能。

1. 360 安全卫士的下载

登录 http://www.360.cn/，选中"360 安全卫士"，单击"免费下载"按钮，下载 360 安全卫士，如图 1-15 所示。

2. 360 安全卫士的安装

（1）打开 360 安装程序，单击"下一步"按钮，如图 1-16 所示。

（2）单击"我接受"按钮，接受许可协议。

（3）单击"浏览"按钮，更改安装位置。

（4）单击"完成"按钮，完成安装。

图 1-15　360 安全卫士的下载界面

3．360 安全卫士卸载

（1）单击"开始"→"程序"→"360 安全卫士"→"卸载 360 安全卫士"。

（2）单击"卸载"→"稍后再重启"→"完成"，完成卸载。

图 1-16　安装初始界面

4．360 安全卫士的功能

（1）电脑体检。"电脑体检"增加一键修复功能，单击一个按钮就能自动修复大多数漏洞，操作更简单。

（2）功能导航。去除原有的文字广告，增加"功能导航"，方便用户快速找到需要的功能，同时新增木马墙状态，方便用户查看和开启木马防火墙。

（3）杀木马。云查杀引擎、智能加速技术比杀毒软件快数倍；取消特征库升级，将"系统修复"功能整合在"查杀木马"中，杀木马的同时修复被木马破坏的系统设置，大大简化了用户的操作，可疑文件上传改为并发操作，提高上传效率和服务器的响应速度。

此外，还包括清理插件、修复漏洞、清理垃圾、系统修复等功能。

 知识拓展

计算机病毒发展的历史进程

扫一扫二维码，查看计算机病毒发展的历史进程。

项目 6　新一代信息技术

 项目分析

本项目主要讲解新一代信息技术的概念及其主要的代表技术。要求理解新一代信息技术及主要代表技术的概念、产生原因和发展历程，了解新一代信息技术各主要代表技术的技术特点、典型应用，了解新一代信息技术与制造业等产业的融合发展方式。

任务 6.1　新一代信息技术概述

【任务目标】本任务要求学生了解新一代信息技术的概念及其主要的代表技术。

新一代信息技术的概念

新一轮科技革命是以信息技术为基础的，高端制造离不开信息技术，正因如此，新一代信息技术成为《中国制造 2025》中最重要的一个领域。《国务院关于加快培育和发展战略性新兴产业的决定》中列了七大国家战略性新兴产业体系，其中包括"新一代信息技术产业"。关于发展"新一代信息技术产业"的主要内容是"加快建设宽带、泛在、融合、安全的信息网络基础设施，推动新一代移动通信、下一代互联网核心设备和智能终端的研发及产业化，加快推进三网融合，促进物联网、云计算的研发和示范应用。着力发展集成电路、新型显示、高端软件、高端服务器等核心基础产业。提升软件服务、网络增值服务等信息服务能力，加快重要基础设施智能化改造。大力发展数字虚拟等技术，促进文化创意产业发展"。

新一代信息技术是以人工智能、量子信息、移动通信、区块链、物联网、云计算、大数据等为代表的新兴技术。它既是信息技术的纵向升级，也是信息技术之间及其与相关产业的横向融合。

任务 6.2　新一代信息技术的主要代表技术

【任务目标】本任务要求学生了解新一代信息技术的主要代表技术的特点以及典型应用。

1．人工智能

（1）人工智能的由来。人工智能（Artificial Intelligence，AI）又称机器智能，是指由人制造出来的机器所表现出来的智能，即通过普通计算机程序的手段实现的类人智能技术。

1956 年夏天，在美国汉诺斯小镇宁静的达特茅斯学院中，约翰·麦卡锡（John McCarthy）、马文·闵斯基（Marvin Minsky，人工智能与认知学专家）、克劳德·香农（Claude Shannon，信息论的创始人）、艾伦·纽厄尔（Allen Newell，计算机科学家）、赫伯特·西蒙（Herbert Simon，诺贝尔经济学奖得主）等科学家聚在一起共同研究了两个月，目标是"精确、全面地描述人类的学习和其他智能，并制造机器来模拟"。这次达特茅斯会议被公认为人工智能这一学科的起源，1956 年也被称为人工智能元年。

（2）人工智能的定义。1955 年，人工智能的先驱约翰·麦卡锡首次将人工智能一词定义为：人工智能是开发出行为像人一样的智能的机器。

1983 年，在《大英百科全书》中可以找到这样的定义：人工智能是数字计算机或计算机控制的机器人，拥有解决通常与人类更高智能处理能力相关的问题的能力。

1991 年，伊莱恩·里奇在《人工智能》一书中给出的人工智能定义为：人工智能是研究如何让计算机做目前人们擅长的事情。

我国《人工智能标准化白皮书（2018 年）》中也给出了人工智能的定义：人工智能是利用数字计算机或者由数字计算机控制的机器，模拟、延伸和扩展人类的智能，感知环境、获取知识并使用知识获得最佳结果的理论、方法、技术和应用系统。

由人工智能的各种定义可知，人工智能的核心思想在于构造智能的人工系统。人工智能是一项知识工程，利用机器模仿人类完成一系列的动作。

（3）人工智能的发展历程。1997 年，对于人工智能领域来说，是承上启下的一年，这一年 IBM 的"深蓝"超级计算机战胜了国际象棋冠军加里·卡斯帕罗夫（Garry Kasparov）。尽管它并不能证明人工智能是否可以像人一样思考，但它证明了人工智能在推算方面处理信息比人类更快，这也是真正意义上的人工智能战胜人类。

2016 年 3 月 9 日至 3 月 15 日，AlphaGo 围棋软件挑战世界围棋冠军李世石的围棋人机大战在韩国首尔举行，比赛采用中国围棋规则，最终 AlphaGo 以 4 比 1 的总分取得了胜利。

2017 年 5 月，AlphaGo 在中国乌镇围棋峰会挑战排名世界第一的世界围棋冠军柯洁，并以 3 比 0 获胜。

我国《人工智能标准化白皮书（2018 年）》指出：作为新一轮产业变革的核心驱动力，人工智能在催生新技术、新产品的同时，对传统行业也具备较强的赋能作用，能够引发经济结构的重大变革，实现社会生产力的整体跃升。人工智能将人从枯燥的劳动中解放出来，越来越多的简单性、重复性、危险性任务由人工智能系统完成，在减少人力投入、提高工作效率的同时，还能够比人类做得更快、更准确；人工智能还可以在教育、医疗、养老、环境保护、城市运行、司法服务等领域得到广泛应用，能够极大提高公共服务精准化水平，全面提升人民生活品质；同时，人工智能可帮助人类准确感知、预测、预警基础设施和社会安全运行的重大态势，及时把握群体认知及心理变化，主动作出决策反应，显著提高社会治理能力和水平，同时保障公共安全。

（4）人工智能的关键技术。

1）机器学习。机器学习（Machine Learning）是一门涉及统计学、系统辨识、逼近理论、神经网络、优化理论、计算机科学、脑科学等诸多领域的交叉学科，研究计算机怎样模拟或实现人类的学习行为，以获取新的知识或技能，重新组织已有的知识结构使之不断改善自身的性能，是人工智能技术的核心。基于数据的机器学习是现代智能技术中的重要方法之一，研究从观测数据（样本）出发寻找规律，利用这些规律对未来数据或无法观测的数据进行预测。

2）知识图谱。知识图谱本质上是结构化的语义知识库，是一种由节点和边组成的图数据结构，以符号形式描述物理世界中的概念及其相互关系，其基本组成单位是"实体—关系—实体"三元组，以及实体及其相关"属性—值"对。不同实体之间通过关系相互连接，构成网状的知识结构。在知识图谱中，每个节点都表示现实世界的"实体"，每条边都为实体与实体之间的"关系"。通俗地讲，知识图谱就是把所有不同种类的信息连接在一起而得到的一个关系网络，提供了从"关系"的角度去分析问题的能力。

3）自然语言处理。自然语言处理是计算机科学领域与人工智能领域中的一个重要方向，研究能实现人与计算机之间用自然语言进行有效通信的各种理论和方法，涉及的领域较多，主要包括机器翻译、机器阅读理解和问答系统等。

4）人机交互。人机交互主要研究人和计算机之间的信息交换，主要包括人到计算机和计算机到人的两部分信息交换，是人工智能领域的重要外围技术。人机交互是与认知心理学、人机工程学、多媒体技术、虚拟现实技术等密切相关的综合学科。

2．量子信息

量子最早出现在光量子理论中，是微观系统中能量的一个力学单位。现代物理将微观世界中所有的微观粒子统称为量子。离散变化的最小单位称为量子，比如光子组成光，光子就是光的量子，在不同语境下量子可能代表不同的事物。

普朗克在1900年研究有关黑体辐射问题时提出了量子假说，假说的含义为：对一定频率 v 的电磁辐射，物体只能以量子为最小单位吸收或发射它。即吸收或发射电磁辐射只能以"量子"的方式进行，这种吸收或发射电磁辐射能量的不连续性在经典力学中是无法理解的，这也就是物理量的离散变化。

利用微观粒子状态表示的信息称为量子信息。量子信息是指以量子力学基本原理为基础，通过量子的各种相干特性，研究信息存储、编码、计算和传输等行为的理论体系。

量子信息科学（QIS）基于独特的量子现象，如叠加、纠缠、压缩等，以经典理论无法实现的方式来获取和处理信息，主要应用于量子传感与计量、量子通信、量子模拟及量子计算等方面，它将在传感与测量、通信、仿真、高性能计算等领域拥有广阔的应用前景，并有望在物理、化学、生物与材料科学等基础科学领域带来突破，未来可能颠覆包括人工智能领域在内的众多科学领域。

3．移动通信

（1）移动通信的定义。移动通信是指通信的一方或双方可以在移动中进行的通信过程，换句话说，至少有一方具有可移动性，可以是移动台与移动台之间的通信，也可以是移动台与固定用户之间的通信。移动通信满足了人们无论在何时何地都能进行通信的愿望，自20世纪80年代以来，移动通信得到了飞速发展。

从20世纪80年代至今，人们亲身经历着通信发展的变迁，人类社会之间的相互连接也越来越依赖于移动通信，使其成为人类信息网络的基础。人们的日常生活方式被移动通信深刻改变，而且移动通信对国民经济发展的推动和社会信息化水平的提高起到了重要的促进作用。如今，4G 的商用已经规模化，全球研究人员将焦点聚集在对 5G 的研究上。

（2）5G 移动通信。2016 年，在第一届全球 5G 大会上，MT-2020（5G）推进组发布了《5G 网络架构设计》白皮书，该白皮书提出 2020 年之后，移动通信将迈入 5G 时代，5G 有望规模化商用。2012 年 11 月，面向 5G 研发的 METIS（Mobile and Wireless Communications Enablers for the 2020 Information Society）项目正式启动，开始进行 5G 的研发，该项目研究组由爱立信、法国电信等通信设备商和运营商、宝马集团以及部分欧洲学术机构共 29 个成员共同组成，我国"863 计划"关于 5G 重大项目的一期和二期研发课题分别于 2013 年 6 月和 2014 年 3 月启动。为了满足人类信息社会发展的需求，5G 系统应运而生。随着人类信息社会的发展，人们对移动互联网、物联网业务的需求不断增加，这就形成了未来移动通信发展的主动力量。

4. 区块链

（1）区块链的定义。区块链（Blockchain）是近年来最具革命性的新兴技术之一。区块链技术发源于比特币（Bitcoin），其以去中心化方式建立信任等突出特点，对金融等诸多行业来说极具颠覆性，具有非常广阔的应用前景，受到各国政府、金融机构、科技企业、爱好者和媒体的高度关注。

区块链是一种互联网数据库技术，区块链技术是一种去中心化的技术方案，每一个在区块链技术平台上进行算法计算的服务器都是各自独立对等的节点，它们的主要作用是运用加密算法记录区块信息并向其他节点公布对账，以确保区块信息的准确性。当数据块信息被认证通过时，矿工节点生成该区块的哈希值，哈希值就类似于这个数据区块链的"身份证"，当接入下一个数据块时可以验证身份，避免分链现象的产生。其特点是去中心化、公开透明，让每个人均可参与数据库记录。

（2）区块链的应用场景。

1）金融服务。金融服务是区块链第一个应用的领域，并且也是现阶段区块链应用发展最好的领域。比如基于区块链的比特币的发行交易。区块链技术具有数据不可篡改和可追溯性，可以用来构建监管部门所需要的监管工具箱，以利于实施精准、及时和更多维度的监管。同时，基于区块链技术能实现点对点的价值转移，通过资产数字化和重构金融基础设施架构，可达成大幅度提升金融资产交易后清、结算流程效率和降低成本的目标，并可在很大程度上解决支付所面临的现存问题。

2）数字政务。区块链可以让数据跑起来，大大精简办事流程。区块链的分布式技术可以让政府部门集中到一个链上，所有办事流程交付智能合约，办事人只要在一个部门通过身份认证以及电子签章，智能合约就可以自动处理并流转，顺序完成后续所有审批和签章。

3）存证防伪。区块链可以通过哈希时间戳证明某个文件或者数字内容在特定时间的存在，加之其公开、不可篡改、可溯源等特性为司法鉴证、身份证明、产权保护、防伪溯源等提供了完美解决方案。在知识产权领域，通过区块链技术的数字签名和链上存证可以对文字、图片、音频、视频等进行确权，通过智能合约创建执行交易，让创作者重掌定价权，实时保全数据形成证据链。

5. 云计算的定义

（1）云计算的定义。云计算（Cloud Computing）是一种基于互联网的超级计算模式，在远程的数据中心，几万甚至几千万台计算机和服务器连接成一片。因此，云计算甚至可以让用户体验每秒超过 10 万亿次的运算能力，如此强大的运算能力几乎无所不能。用户通过计算机、手机等方式接入数据中心，按各自的需求进行存储和运算。这意味着计算能力也可作为一种商品通过互联网进行流通。

（2）云计算的背景。云计算是继 20 世纪 80 年代大型计算机到客户端－服务器的大转变之后的又一种巨变。云计算的出现并非偶然，早在 20 世纪 60 年代，麦卡锡就提出了把计算能力作为一种像水和电一样的公用事业提供给用户的理念，这成为云计算思想的起源。在 20 世纪 80 年代网格计算、90 年代公用计算，21 世纪初虚拟化技术、SOA、SaaS 应用的支撑下，云计算作为一种新兴的资源使用和交付模式逐渐为学界和产业界所认知。中国物联网校企联盟评价云计算为"信息时代商业模式上的创新"。继个人计算机变革、互联网变革之后，云计算被看作第三次 IT 浪潮，是中国战略性新兴产业的重要组成部分。它将带来生活、生产方式和商业模式的根本性改变，云计算将成为当前全社会关注的热点。云计算在 IT 市场上的雏形正在逐步形成，它为供应商提供了全新的机遇并催生了传统 IT 产品的转变。

（3）云计算的特点及服务形式。通过使计算分布在大量的分布式计算机上，而非本地计算机或远程服务器中，企业数据中心的运行将与互联网更相似。这使得企业能够将资源切换到需要的应用上，根据需求访问计算机和存储系统。好比是从古老的单台发电机模式转向了电厂集中供电的模式。它意味着计算能力也可以作为一种商品进行流通，就像煤气、水电一样，取用方便，费用低廉。最大的不同在于，它是通过互联网进行传输的。

2012 年值得关注的十个云计算服务是：AppFog（用户可以在上面搭建自己的 Web App）、Bromium（为企业的网络提供保密服务）、Cloudability（可以帮助用户追踪其花在云服务方面的开销）、CloudSigma（它为用户提供了优异的性能和更多控制权）、Kaggle（为高智商人才提供竞赛平台）、Nebula（为 OpenStack 提供了特别优化的硬件）、Parse（移动开发者能在上面创建自己的应用）、ScaleXtreme（一个管理物理服务器、云服务器的云服务）、SolidFire（提供商用的云存储）、Zillabyte（为非专业人员设计的数据分析工具）。

6. 大数据

随着云时代的来临，"大数据"成为时下最火热的 IT 行业词，随之数据仓库、数据安全、数据分析、数据挖掘等围绕大数据的商业价值的利用逐渐成为行业人士争相追捧的利润焦点。大数据（Big Data），或称巨量资料，指的是所涉及的资料量规模巨大到无法通过目前主流软件工具，在合理时间内达到撷取、管理、处理并整理成为帮助企业经营决策的资讯。

大数据有 4 个特点。第一，数据体量巨大（Volume），从 TB 级别，跃升到 PB 级别。

第二，数据类型繁多（Variety），包括网络日志、视频、图片、地理位置信息等。第三，价值密度低，商业价值高（Value），以视频为例，连续不间断监控过程中，可能有用的数据仅仅是一两秒。第四，处理速度快（Velocity），数据处理遵循"1秒定律"，可从各种类型的数据中快速获得高价值的信息。最后这一点和传统的数据挖掘技术有着本质的不同。业界将以上4点归纳为"4V"。

7. 物联网定义

全球移动通信系统协会（GSMA）统计数据显示，2010－2020年全球物联网设备数量高速增长，复合增长率达19%；2020年全球物联网设备连接数量高达126亿个。"万物互联"成为全球网络未来发展的重要方向，据GSMA预测，2025年全球物联网设备（包括蜂窝及非蜂窝）连接数量将达到246亿个。

近年来，我国政府出台各类政策大力发展物联网行业，不少地方政府也出台物联网专项规划、行动方案和发展意见，从土地使用、基础设施配套、税收优惠、核心技术和应用领域等多个方面为物联网产业的发展提供政策支持。在工业自动控制、环境保护、医疗卫生、公共安全等领域开展了一系列应用试点和示范，并取得了初步进展。

十三五以来，我国物联网市场规模稳步增长，截至2019年，我国物联网市场规模已发展到1.5万亿元。未来物联网市场上涨空间可观。

任务6.3　新一代信息技术与制造业等产业的融合发展

【任务目标】本任务要求学生了解新一代信息技术与制造业等产业的融合发展方式。

新一轮科技革命是以信息技术为基础的，高端制造离不开信息技术，正因如此，新一代信息技术成为《中国制造2025》中最重要的一个领域。

当前，全球制造业正进入新一轮变革浪潮，大数据、云计算、物联网等新一代信息技术正加速向工业领域融合渗透，工业互联网、工业4.0、智能制造等战略理念不断涌现。2020年6月30日，中国共产党中央全面深化改革委员会（以下简称"中央深改委"）第十四次会议审议通过《关于深化新一代信息技术与制造业融合发展的指导意见》，强调加快推进新一代信息技术和制造业融合发展，要顺应新一轮科技革命和产业变革趋势，以供给侧结构性改革为主线，以智能制造为主攻方向，加快工业互联网创新发展，加快制造业生产方式和企业形态根本性变革，夯实融合发展的基础支撑，健全法律法规，提升制造业数字化、网络化、智能化发展水平。

新一代信息技术与制造业的深度融合，将带来制造模式、生产组织方式和产业形态的深刻变革。事实上，2020年以来我国积极面对新冠肺炎疫情带来的变局，顺势加快新基建发展进度，培育数据要素市场，力推产业数字化、数字产业化，壮大数字经济新动能，从而开拓全新局面。中央深改委审议通过的《关于深化新一代信息技术与制造业融合发展的指导意见》，将进一步加快制造业数字化、网络化、智能化步伐，推动"中国制造"向"中国智造"转型。下一步应立足制造业主战场，从多个层面加快新一代信息技术与制造业的融合发展，升级打造新时代的新型供给能力。

知识拓展

扫一扫二维码，查看计算机网络基础与 Internet 知识。

计算机网络基础与 Internet

模块实训

1. 李明同学要组装一台计算机，请你给他写一张配置清单。
2. 李明同学买来的新计算机要安装杀毒软件，请你帮他下载安装。

课后习题

扫一扫二维码，查看课后习题。

课后习题

学习总结

　　回顾本模块的学习过程，将你获得的知识、技能、感悟等，以文字或思维导图的形式总结记录下来。

老师评价：

同学评价：

模块二　Windows 10 操作系统

模块重点

- 认识 Windows 10 操作系统
- Windows 10 的界面及基本操作
- Windows 10 计算机和资源管理器
- Windows 10 的文件及磁盘管理
- Windows 10 的环境设置
- Windows 10 的其他操作

教学目标

- 了解 Windows 10 的发展历史与安装过程
- 掌握 Windows 10 的界面组成和基本操作
- 掌握计算机和资源管理器的使用
- 掌握文件的相关操作和磁盘的管理
- 了解 Windows 10 的环境设置
- 了解 Windows 10 的附件等其他操作

思政园地

　　故木受绳则直，金就砺则利，君子博学而日参省乎己，则知明而行无过矣。

　　　　　　　　　　　　　　　　　　　　　　　　　　——《荀子·劝学》

　　译文　所以木材用墨线量过，再经辅具加工就能取直，刀剑等金属制品在磨刀石上磨过就能变得锋利，君子广泛地学习，而且每天检查反省自己，那么他就会聪明机智，而行为就不会有过错了。

项目 1　Windows 10 简介及系统安装

 项目分析

本项目主要介绍 Windows 10 操作系统的发展历史。要求了解 Windows 10 操作系统的功能、安装要求和安装过程。

任务 1.1　Windows 10 的发展

【任务目标】本任务要求学生了解 Windows 操作系统的发展历史。

MS-DOS 是微软公司推出的第一个极其成功的计算机操作系统。随后，微软公司着重发展可视化的操作系统，即 Windows 系列产品。这一系列产品具有一个共同的特点，即拥有视窗式的图形界面，操作简单，易学易用。

MS-DOS 是 Microsoft Disk Operating System 的简称，意即由美国微软公司（Microsoft）提供的磁盘操作系统。在 Windows 95 以前，DOS 是 PC 兼容计算机的最基本配备，而 MS-DOS 则是最普遍使用的 PC 兼容 DOS。

微软公司在 1995 年发布了 Windows 95 操作系统，这是一个具有里程碑意义的个人计算机操作系统，引入了诸如多进程、保护模式、即插即用等特性，使得 Windows 95 在个人计算机上大行其道，并且最终使得微软公司统治了个人计算机操作系统市场。在随后的几年中，微软公司不断对 Windows 产品进行升级，先后推出了 Windows 98、Windows 98 SE 和 Windows ME 等版本。这些版本并没有进行重大改变，但是在更多的新硬件支持、更强的多媒体播放、Internet 连接共享及稳定性、易用性等方面做了很多改进。

Windows 2000 是一款纯 32 位的操作系统。它在 Windows NT 的基础上，包含了 NT 的多数优点和体系结构，并且增加了许多新功能，具有更强的安全性、更高的稳定性和更好的系统性能。接下来微软公司推出 Windows 9X 系列最终版本 Windows ME，这款系统面向家庭计算机使用而设计，提供了大量音乐、视频和家庭网络增强功能，首次出现了系统还原功能，但是由于系统不再包括实模式的 MS-DOS，因此它很不稳定。2001 年，微软公司发布 Windows XP 这个至今仍被广泛使用的操作系统。它提供了新的界面，系统变得更加稳定，完成了 Windows 9X 以及 Windows NT 两种路线的最终统一，而且集成众多软件，是个人操作系统史上的伟大变革。2006 年年末，微软公司发布 Windows Vista，这款操作系统包含许多新的功能或技术，如 DirectX 10、ReadyBoost、BitLocker、SuperFetch、游戏中心、体验指数、家长控制、虚拟文件夹（库）、用户账户控制、增强的语音识别、基于索引的搜索等，相比之前版本提高了安全性。2009 年秋，微软公司发布 Windows 7，这款操作系统继承了 Windows Vista 的优秀特性，针对各种性能进行优化，包含各项新的功能，如 DirectX 11、库、家庭组、操作中心、移动中心等，相比之前版本提升了兼容性。2012 年，微软公司发布 Windows 8，这款操作系统主要面向平板计算机设计，另外兼顾传统计算机，支持各种输入设备，包含应用程序商店，全面整合云技术，提供新的 Internet 体验。

2015 年 7 月 29 日发布的 Windows 10 是微软公司最新发布的 Windows 版本。自 2014 年 10 月 1 日开始公测，Windows 10 经历了 Technical Preview（技术预览版）以及 Insider Preview（内测者预览版），下一代 Windows 将作为 Update 形式出现。Windows 10 发布了 7 个版本，分别面向不同用户和设备。

任务 1.2　Windows 10 操作系统的安装

【任务目标】本任务要求学生了解 Windows 10 操作系统的安装。

【任务操作】Windows 10 操作系统的安装。

如果您的计算机具有空白硬盘或当前的操作系统不支持全新安装，则需要使用 Windows 10 光盘启动计算机。大多数的计算机都可以从光盘启动并自动运行 Windows 10 安装向导。

使用光盘安装操作系统的步骤如下：

（1）通过运行当前的操作系统启动计算机，然后将 Windows 10 光盘插入 CD-ROM 驱动器。

（2）如果 Windows 自动检测到光盘，这时将出现 Windows 10 安装向导，如图 2-1 所示。

（a）单击"现在安装"

（b）勾选"我接受许可条款"复选框

（c）选择"自定义：仅安装 Windows（高级）"

图 2-1　安装向导

　　单击"现在安装"并勾选"我接受许可条款"复选框，单击"下一步"按钮，然后选择"自定义：仅安装 Windows（高级）"。

　　（3）分区选择系统安装位置，单击"新建"找到"大小"输入所需容量（单位 MB），单击"应用"按钮，如图 2-2（a）所示。弹出提示框提示是否确认系统自动创建引导分区，单击"确定"按钮，如图 2-2（b）所示。找到新建的主分区，选中并单击"下一步"按钮，将系统安装到新建的磁盘中，如图 2-2（c）所示。

（a）设置主分区大小

（b）自动创建引导分区

（c）选择系统安装位置

图 2-2　分区选择系统安装位置

　　（4）开始安装。等待安装完成并自动重启，如图 2-3 所示。

　　（5）重启后加载小娜"Windows 10 自带的智能 AI"，如图 2-4 所示。

　　（6）如图 2-5 所示，选择"中国"，单击"是"按钮，然后选择"微软拼音"，单击"是"按钮。

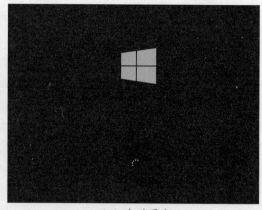

（a）开始安装　　　　　　　　　　　　　（b）自动重启

图 2-3　系统安装过程

图 2-4　加载智能 AI

（a）选择"中国"　　　　　　　　　　　（b）选择"微软拼音"

图 2-5　选择地区和键盘布局

（7）选择第二种键盘布局，单击"跳过"按钮，如图 2-6 所示。

（8）创建本地登录账号，输入"账号名称"，如图 2-7 所示。

图 2-6 选择第二种键盘布局

图 2-7 创建本地登录账户

（9）为本地账户输入密码，密码需要输入两次，如图 2-8 所示。

（10）为账户创建安全问题（有三个问题），创建完后单击"下一步"按钮，如图 2-9 所示。

图 2-8 确认密码

图 2-9 创建安全问题

（11）为设备选择隐私设置，单击"接受"按钮，如图 2-10 所示。

图 2-10 选择隐私设置

（12）设置是否同步微软账户在其他计算机的配置信息，此处单击"是"按钮，如图 2-11 所示。

图 2-11　同步微软账户信息

（13）等待配置完成进入桌面，如图 2-12 所示。

图 2-12　等待配置完成

项目 2　Windows 10 的界面及基本操作

项目分析

本项目主要介绍 Windows 10 的界面组成和基本操作。要求了解 Windows 10 界面组成、Windows 10 的开始菜单、控制面板、文件的属性和类型。

任务 2.1　Windows 10 的基本界面

【任务目标】本任务要求学生了解 Windows 10 的登录、退出和用户切换，掌握界面组成及相关操作。

【任务操作 1】Windows 10 的登录、退出和用户切换。

1．Windows 10 系统的登录

启动计算机后屏幕上将显示计算机的自检信息，然后系统就会进入 Windows 10 启动状态，这时根据系统的设置分为两种情况。第一种情况是在安装的过程中创建了计算机系统管理员并设置密码，则此处出现登录界面，要求选择用户名并输入对应的密码以进入系统界面（即桌面），否则无法进入系统。正确输入用户名和密码后将会自动进入 Windows 10 的桌面，如图 2-13 所示。

图 2-13　Windows 10 的桌面

第二种情况则是自动登录，如果没有创建计算机系统管理员用户或未设置密码，则可直接进入 Windows 10 系统的桌面，用户即可开始进行各项具体操作。

2．退出 Windows 10 系统

退出 Windows 10 是指结束 Windows 10 操作系统的运行，操作方法如下所述。单击"开始"按钮■，单击⏻，然后单击"关机"。单击"开始"按钮■，选择"用户头像"⧎，选择"切换用户"。单击"开始"按钮■，单击⧎并单击"睡眠"则可进入低耗电的等待状态，以后可按任意键或在桌面任意处单击恢复到正常工作状态；单击"开始"按钮■，单击⧎并选择"锁定"，将锁定 Windows 10；单击"开始"按钮■，单击⏻并选择"重启"，则关闭 Windows 10，不过并不切断电源，而是再次启动 Windows 10，如图 2-14 所示。

图 2-14　Windows 10 关闭界面

【任务操作2】 桌面与相关操作。

"桌面"是指安装好 Windows 10 后，用户启动计算机登录到系统中看到的屏幕界面，它是用户和计算机进行交流的窗口，用户可以在这里放置经常用到的应用程序和文件夹的快捷图标，双击图标就能够快速启动相应的程序或文件。通过桌面，用户可以有效地管理自己的计算机。桌面由快捷图标、背景画面和任务栏组成。

快捷图标：将一些常用的应用程序、文件或文件夹的图标放在桌面上，通过双击来启动。在 Windows 10 的桌面上的快捷图标默认有"回收站"。

背景画面：背景画面就好像是办公桌上的桌布，用户可以设置自己喜欢的图片作为背景画面，而且 Windows 10 也提供了许多好看的图片。

任务栏：从任务栏出发可以使用 Windows 10 的所有功能。以下将讲解如何使用任务栏。

任务栏一般出现在桌面的下方，它由"开始"菜单、"应用程序"栏、"通知"栏和"显示桌面"栏组成，如图 2-15 所示。

图 2-15　任务栏

"开始"菜单：单击"开始"按钮可以打开"开始"菜单。

"应用程序"栏：显示已经启动的应用程序名称。

"通知"栏：显示时钟等系统当时的状态。

"显示桌面"栏：显示桌面，在任务栏最右端的空白处。

接下来，介绍对任务栏的基本操作，主要包括移动任务栏、添加子栏、改变任务栏尺寸、隐藏任务栏和新建工具栏。

1. 移动任务栏

默认情况下，任务栏是锁定的，即不可以移动。如果要将任务栏移动到屏幕的右侧，应执行如下操作：

（1）右击"任务栏"，在弹出的菜单中取消选中"锁定任务栏"。

（2）单击"任务栏"的空白区，并按住鼠标左键不放。

（3）拖动鼠标到屏幕的右侧时，松开鼠标左键，这样就将任务栏移动到屏幕的右侧了。

2. 添加工具栏

任务栏中有许多工具栏，是为了提高使用效率而设置的，如"连接"工具栏。要添加工具栏，应执行如下操作：

（1）右击"任务栏"的空白处，打开一个快捷菜单。

（2）在这个菜单中包括一个"工具栏"级联菜单，其中有"地址""链接""Lenovo Vantage 工具栏""桌面"和"新建工具栏"等命令，如图 2-16 所示。

（3）其中"Lenovo Vantage 工具栏"命令前有一个选中符号，表示这个工具栏已经在任务栏中了。单击这个命令可以从任务栏中删除。

（4）单击"链接""地址"或"桌面"命令就能够将相应的工具栏添加到任务栏中。

图 2-16 "工具栏"级联菜单

3．改变任务栏的尺寸

在未锁定任务栏的情况下，可以改变任务栏的尺寸，应执行如下操作：

（1）将鼠标指针移动到任务栏与桌面交界的边缘上，此时鼠标指针的形状变成了一个垂直箭头。

（2）按住鼠标左键，向桌面中心方向拖动。

（3）当拖动的大小比较合适时，松开鼠标左键，这样任务栏就变成了刚才的大小。改变任务栏尺寸后，可以看到各个任务栏按钮清晰地排列在其中，如图 2-17 所示。

图 2-17 扩大的任务栏

4．隐藏任务栏

要隐藏任务栏，应执行如下操作：

（1）右击"任务栏"中的空白处。

（2）单击"任务栏设置"按钮，弹出设置页面找到"任务栏"，其中"在桌面模式下自动隐藏任务栏"下的按钮是关闭状态，这就表示此时任务栏总能够出现在屏幕上。

（3）单击"在桌面模式下自动隐藏任务栏"下的按钮。

这样当打开其他窗口时，任务栏就会自动隐藏起来。只要将鼠标指针移动到屏幕的底部停留一会，隐藏起来的任务栏就会重新显示出来。

5．新建工具栏

通过新建工具栏可以帮助用户将常用的文件夹或者经常访问的网址显示在任务栏上，而且可以通过单击直接访问它。例如，可以把一个 Documents 文件夹放到"新建工具栏"中，操作如下：

（1）右击"任务栏"的空白处，单击"工具栏"。

（2）单击"工具栏"级联菜单中的"新建工具栏"命令，打开"新建工具栏"对话框，如图 2-18 和图 2-19 所示。

图 2-18　"工具栏"级联菜单

图 2-19　"新工具栏"对话框

（3）在"文件夹"文本框中直接输入想要添加到"新工具栏"中的文件夹名称或网址。如果不清楚需要添加的文件夹的位置，可以在上面的文件夹列表框中选择。

（4）单击"选择文件夹"按钮，这个文件夹就添加到了"新工具栏"中了。

任务 2.2　Windows 10 的基本操作

【任务目标】本任务要求掌握"开始"菜单的使用、控制面板的使用及运行命令的操作方法。

【任务操作 1】"开始"菜单的使用。

在 Windows 10 中，用户绝大部分的工作都从"开始"菜单开始。在任务栏的左侧有一个"开始"按钮，单击它可以打开"开始"菜单，如图 2-20 所示。"开始"菜单可以显示谁已登录，并可以自动地将使用最频繁的程序添加到菜单顶层，使得用户访问经常使用的程序变得更加迅速，有助于提高工作效率。"最近添加"可以显示最近添加的软件系统自带的软件以及文档。

图 2-20　"开始"菜单

用户也可以利用快捷键打开"开始"菜单，只要按 Ctrl+Esc 组合键即可。

常用的一些应用程序可以通过"开始"菜单来启动。例如，启动"记事本"软件，执行如下操作：单击"开始"→"最近添加"→"Windows 附件"→"记事本"，如图 2-21 所示。

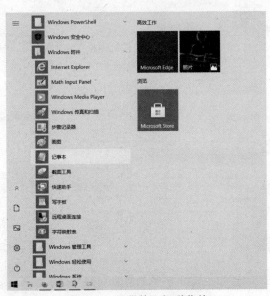

图 2-21　"附件"级联菜单

【任务操作2】控制面板的使用。

控制面板（control panel）是 Windows 图形用户界面的一部分，它允许用户进行基本的系统设置和控制，如添加硬件、添加/删除软件、设置用户账户、更改辅助功能、设定日期时间等。要打开"控制面板"，可单击"开始"→"最近添加"→"Windows 系统"→"控制面板"，如图 2-22（a）所示。

首次打开"控制面板"窗口时，将看到最常用的一些项目，这些项目按照分类进行组织，如图 2-22（b）所示。要在"分类"视图下查看"控制面板"中某一项目的详细信息，可以将鼠标指针放在该图标或类别名称上，然后阅读显示的文本。某些项目会打开可执行的任务列表和选择的单个控制面板项目。例如：单击"外观和个性化"时，将与单个控制面板项目一起显示一个任务列表，如更改屏幕保护程序。

（a）单击"控制面板"

（b）"控制面板"窗口

图 2-22　控制面板

如果打开"控制面板"窗口时没有看到所需的项目，可以单击"类别"，选择"大图标"或"小图标"，如图 2-23 所示。要打开某个项目，双击它的图标即可。要在"小图标控制面板"视图（图 2-24）下查看"控制面板"窗口中某一项目的详细信息，可将鼠标指针放在该图标名称上，然后阅读显示的文本。

图 2-23 "类别"菜单

图 2-24 "小图标控制面板"视图

【任务操作 3】"搜索程序和文件"文本框的使用。

在"搜索程序和文件"文本框中输入要运行的程序名、文件名或路径，即可搜索到程序或文件。例如，要运行"记事本"程序，应执行如下操作：

右击"任务栏"，单击"搜索"→"显示隐藏搜索"，单击 🔍，在文本框中输入 Notepad 或 C:\Windows\Notepad，即可搜索到"记事本"程序，单击"记事本"程序即可运行打开，如图 2-25 所示。

图 2-25 搜索"记事本"程序

使用"运行"命令也可以快速地运行程序或文件。例如，要运行"记事本"程序，应执行如下操作：

（1）单击"开始"→"最近添加"→"Windows 附件"→"运行"，打开"运行"对话框。

（2）在"打开"文本框中输入路径和程序名称 C:\Windows\Notepad，如图 2-26 所示。

图 2-26　"运行"对话框

【任务操作 4】窗口的基本操作。

在 Windows 10 中，各种应用程序一般都以窗口的形式显示，一个标准的窗口如图 2-27 所示。

图 2-27　标准窗口

标准窗口一般由以下几个部分组成：

● 控制按钮区：有 3 个窗口控制按钮，分别为"最小化"按钮、"最大化"按钮、"关闭"按钮，每个按钮都有其特殊的功能和作用。

● 搜索栏：将要查找的目标名称输入"搜索栏"文本框中，然后按 Enter 键即可。窗口"搜索栏"的功能和"开始"菜单中的"搜索"框的功能相似，只不过在此处只能搜索当前窗口范围的目标。可以添加搜索筛选器，以便更精确、更快速地搜索到所需要的内容。

- 菜单栏：在菜单栏中显示各种菜单名称，单击即可打开菜单。Windows 10 把工具栏融合到菜单栏里了。
- 地址栏：能很清楚地查看当前所选文件的位置，还能输入文件路径并打开，打开软件或者网址作为 FTP 客户端连接 FTP 服务器。
- 导航窗格：导航窗格位于工作区的左边区域。与以往的 Windows 版本不同的是，在 Windows 10 操作系统中导航窗格一般包括快速访问、此电脑和网络 3 部分。单击前面的"箭头"按钮即可以打开列表，还可以打开相应的窗口，方便用户随时准确地查找相应的内容。
- 滚动栏：当窗口太小以至于窗口主体不能显示所有信息的时候，在窗口主体的右侧和底部就会出现滚动栏。单击其上下的小三角形图标，即可实现屏图上下滚动。
- 工作区：用于显示窗口中的操作对象和操作结果。
- 状态栏：显示程序当前的状态，对应不同的程序显示各种不同的信息。

在 Windows 的使用过程中经常会接触到对话框。对话框是一种特殊的窗口，用来进行用户与系统之间的信息交互，一个典型对话框如图 2-28 和图 2-29 所示。

图 2-28　对话框 1

图 2-29　对话框 2

对话框中的元素主要有以下几种：

- 标题栏：位于对话框的最上方，系统默认是白色的，它的左侧是该对话框的名称，右侧是对话框的"关闭"按钮。
- 选项卡：一般来说，一个对话框由多个选项卡组成，单击"选项卡"名称就能够在不同内容的选项卡之间切换，就像图书馆中查阅书目的卡片一样。
- 复选框：与单选按钮不同的是，在某一选项的一组复选框中，一次可以选择多个或一个都不选，选择后复选框中间会有一个对号表示。
- 标尺：在标尺上有一个滑块，移动滑块就可以在标尺上选择不同的数据或选项。

- 单选按钮：顾名思义，在某一选项的一组单选按钮中一次只能而且必须选择一个，选择后单选按钮中间会有一个绿点。
- 编辑框：编辑框可以分为两类，即文本框和列表框。

任务 2.3　文件的属性和类型

【任务目标】本任务要求学生掌握文件的属性、类型及命名规则。

【任务操作】文件的属性与命名规则。

1. 文件属性

在计算机系统中，文件是最小的数据组织单位，文件可以存放文本、声音、图像、视频和数据等信息，用户使用和创建的文档都可以称为文件。文件一般具有以下属性：

（1）文件中可以存放文本、声音、图像、视频和数据等信息。

（2）文件名的唯一性。同一个磁盘中的同一目录下绝不允许有重复的文件名。

（3）文件具有可转移性。文件可以从一个磁盘复制到另一个磁盘上，或者从一台计算机上通过复制转移到另一台计算机上。

（4）文件在磁盘中要有固定的位置。用户和应用程序要使用文件时，必须要提供文件的路径来告诉用户和应用程序文件的位置。路径一般由存放文件的驱动器名、文件夹名和文件名组成。

2. 文件命名

一个完整的文件名称由文件名和扩展名两部分所组成，文件名与扩展名之间必须以小数点"."隔开。文件名一般用来表示文件的内容，扩展名用来表示文件的类型。例如，文件 Setup.exe 的文件名为 Setup，这样用户就可以知道该文件与安装有关，扩展名为 exe，这表示是一个可执行的程序文件。文件命名时应尽量做到既能够清楚地表达文件的内容又比较简短，同时必须遵守以下规则：

（1）文件名最多可使用 256 个字符。

（2）文件名中除开头外都可以有空格。

（3）在文件名中不能包含以下符号：？ \ * " < >。

（4）用户在文件名中可以指定文件名的大小写格式，但是不能利用大小写来区别文件名。例如，MyDocument.doc 和 mydocument.doc 被认为是同一个文件名。

3. 不同类型文件及其对应的图标

文件的扩展名用来表示文件的类型，不同类型的文件在 Windows 10 中对应不同的文件图标，如图 2-30 所示。文件的类型是根据不同用途来分类的。下面简单介绍几种常见文件的类型及其对应的图标。

（1）程序文件：程序文件由可执行的代码组成。在 Windows 10 中，以 com、exe 和 bat 为扩展名的文件是程序文件，不同类型的程序文件对应着不同的图标。其中，扩展名为 bat 的程序文件是批处理文件。典型的安装程序文件 setup.exe 的图标如图 2-31 所示。

（2）文本文件：一般情况下，文本文件的扩展名为 txt。文本文件的内容通常由字母和数字组成。值得注意的是，有的文件虽然不是文本文件，但是却可以用文本编辑器打开并进行编辑。文本文件的常用图标如图 2-32 所示。

图 2-30　不同文件的图标　　　　图 2-31　安装程序的图标　　　　图 2-32　文本文件的图标

（3）图像文件：图像文件有各种不同的格式，比较常见的格式有.bmp、.jpg 和.gif 等图片格式。一般地，由 Windows 10 提供的"画图"应用程序创建的图像文件的格式是位图文件，扩展名是 bmp。常见的图像文件的图标如图 2-33 所示。

（4）字体文件：Windows 10 中有各种不同的字体，它们都存放在字体文件中。字体文件存放在 Windows 文件夹下的 Fonts 文件夹中，打开 Fonts 文件夹就会看到各种字体文件。字体文件的图标如图 2-34 所示。

图 2-33　图像文件的图标　　　　　　　　图 2-34　字体文件的图标

综上所述，文件的扩展名可以帮助用户识别文件的类型。用户在创建应用程序和存放数据时，可以根据文件的内容给文件加上适当的扩展名，以便识别和管理。值得注意的是，大多数的文件在存盘时，应用程序都会自动地给文件加上默认的扩展名。当然，用户也可以特意指出文件的扩展名。为了帮助用户更好地辨认文件的类型，表 2-1 中列出了用户经常会遇到的文件扩展名。

表 2-1　Windows 10 中常用的文件扩展名

扩展名	文件类型
avi	影像文件
bak	备份文件
bat	DOS 中的批处理文件
bmp	位图文件
com、exe	可执行的程序文件
dll	动态链接库文件
doc	Word 文字处理文档
drv	设备驱动程序文件
ico	图标文件
inf	安装信息文件
ini	系统配置文件
chm	已编译的 HTML 帮助文件
jpg	一种常用图形文件

续表

扩展名	文件类型
mid	MID 文件
mdb	Access 数据库文件
rtf	丰富文本格式文件
scr	屏幕保护程序文件
sys	系统文件
ttf	TrueType 字体文件
txt	文本文件
xls	Excel 电子表格文件
wav	波形文件
htm	用于 WWW（World Wide Web）的超级文本文件

（5）文件夹：文件夹就是将相关文件分门别类地存放在一起的有组织的实体。在现实生活中经常会用到文件夹，把相关的资料存放在一起；在计算机中也可以将相关的文件存放到一个文件夹中。Windows 文件夹如图 2-35 所示。

Windows

图 2-35　Windows 文件夹

在计算机中，文件夹也有名称，而且文件夹的命名同样遵守文件命名的规则，但是文件夹没有扩展名。有时候，文件夹中除了包含各种文件外，还可以包含下一级的文件夹。

案例实训

【实训要求】

（1）搜索计算机上所有扩展名为 doc 的文件。

（2）查找计算机中文件名只有 4 个字符，且第 1 个字符和第 3 个字符为 c 的所有文件。

（3）查找 Windows 附件中的应用程序"写字板"。

【实训步骤】

（1）单击 🔍，弹出搜索框后在"全部"文本框中输入要查找的文件或者文件夹的名称，可输入"*.doc"，然后按 Enter 键。

（2）单击 🔍，弹出搜索框后在"全部"文本框中输入要查找的文件或者文件夹的名称，可输入"c? c? .*"，然后按 Enter 键。

（3）单击 🔍，弹出搜索框后在"全部"文本框中输入要查找的文件或者文件夹的名称，可输入"写字板"，然后按 Enter 键。

项目 3 计算机和文件资源管理器

 项目分析

本项目主要介绍 Windows 10 中"此电脑"和"文件资源管理器"的使用方法。要求熟练掌握"此电脑"和"文件资源管理器"的管理与使用方法。

任务 3.1 "此电脑"窗口的使用

【任务目标】本任务要求学生熟练掌握"此电脑"的窗口的相关操作。

【任务操作】"此电脑"窗口的使用。

计算机中的资源指的是计算机中存储的各种文件和文件夹。资源管理一般包括文件管理和磁盘驱动器的管理，通常使用"此电脑"或"资源管理器"来进行资源管理；使用"回收站"来管理被删除的文件。下面简单介绍"此电脑""资源管理器"和"回收站"的使用方法。

"此电脑"是一种常用的资源管理应用程序，用户的程序、文档、数据文件等计算机资源都可以用它来进行管理。

1. 窗口组成

单击"桌面"→"此电脑"打开"此电脑"窗口，如图 2-36 所示。

图 2-36 "此电脑"窗口

Windows 10 的标准窗口一般由按钮控制区、地址栏、菜单栏、工作区、状态栏等几部分组成。

- 按钮控制区：最右边是 3 个控制按钮，当窗口处于非最大化状态时，控制按钮为"最小化""最大化"和"关闭"按钮；当窗口处于最大化状态时，控制按钮分别为"最小化""还原"和"关闭"按钮。

- 地址栏：显示文件和文件夹所在的路径，通过它还可以访问因特网中的资源。
- 菜单栏：包含"文件""计算机""查看"和"帮助"4 个菜单。单击某一菜单，就可以打开该菜单，再单击所需菜单命令，就可以执行该命令。
- 工作区：用来显示计算机中的资源，也就是当前所打开的文件夹中的内容。
- 状态栏："此电脑"窗口底部是状态栏，用于显示当前选定的文件的数目、大小和所处文件夹的位置。

2. 标准按钮

在"标准按钮"工具栏中列出了部分菜单命令的快捷按钮，各按钮的功能如下：

单击 ← 按钮，将返回上一步操作时的"此电脑"窗口。

单击 → 按钮，将切换到浏览当前磁盘之后的磁盘。若当前的操作没有后续操作，则"前进"按钮呈灰色，不能执行操作。

单击 ˅ 按钮，将列出在"此电脑"窗口中当前磁盘之前浏览过的磁盘，单击其中一个就可以直接切换到该磁盘的窗口。

值得注意的是，← 和 → 是根据访问的历史顺序来进行切换的，当用户进行了许多操作之后，就很难分辨所要找的文件夹是当前文件夹的前面还是后面，此时用户就可以单击这两个按钮右边的小三角按钮，在列出的选项中选取所要操作的项目。↑按钮和 ← 按钮作用相同。

单击 ˅ 按钮，打开一个下拉菜单，如图 2-37 所示。其中列出了 8 种文件和文件夹的排列方法。

图 2-37　"视图"菜单中的命令选项

3. 常见操作

下面介绍如何使用"此电脑"来查看磁盘属性和查看文件。

（1）查看磁盘属性：在 Windows 10 中，用户可以随时查看任何一个磁盘的属性。磁盘的属性包括磁盘的空间大小、已用和可用空间以及磁盘的卷标信息。

用户要查看磁盘的属性应按如下操作：

1）打开"此电脑"窗口。

2）选定要查看的磁盘驱动器图标。

3）右击需要查看的磁盘，单击"属性"命令，打开磁盘属性对话框，如图 2-38 所示。下面将分别介绍"常规"和"工具"选项卡中的信息和功能。

"常规"选项卡：在该选项卡中包含了当前驱动器的卷标，用户可以在"卷标"文本框中更改驱动器的卷标。而且，在这个选项卡中还显示出了当前磁盘的类型、文件系统、已用空间和可用空间。对话框中还有一个圆饼图，上面标识出了已用和可用空间的比例。

"工具"选项卡：单击对话框上的"工具"标签就可以打开"工具"选项卡，如图 2-39 所示。由图 2-39 可以看出，该选项卡由"检查""优化"两部分组成，用户利用它们可以对磁盘进行优化操作。

图 2-38　磁盘属性对话框

图 2-39　"工具"选项卡

（2）查看文件：用户可以通过工具栏中的"查看"按钮很方便地选择以不同的方式来查看文件和文件夹。下面详细介绍"查看"按钮中的各个命令选项。

- 大图标：选择此种方式，系统将使窗口中的所有对象均以大的图标显示，这样显示得更清楚。在此视图中因为图标较大，所以如果窗口中有许多对象，则选择对象要利用滚动条来进行，如图 2-40 所示。

图 2-40　按大图标方式查看文件

- 超大图标：显示的图标比用大图标方式显示的图标大，如图 2-41 所示。

图 2-41　按超大图标方式查看文件

- 小图标：显示的图标比用大图标方式显示的图标小，如图 2-42 所示。

图 2-42　按小图标方式查看文件

● 中等图标：显示效果如图 2-43 所示。

图 2-43　按中等图标方式查看文件

● 平铺方式：平铺方式以图标显示文件和文件夹。这种图标将所选的分类信息显示在文件或文件夹名下面。例如，如果您将文件按类型分类，则 WindowsApps 将出现在图标的后面。如图 2-44 所示。

图 2-44　按平铺方式查看文件

● 内容方式：显示效果如图 2-45 所示。

图 2-45　按内容方式查看文件

● 列表方式：显示效果如图 2-46 所示。

图 2-46　按列表方式查看文件

● 详细信息方式：在此种显示方式下，对象以小图标的方式显示。同时在窗口中显示每个文件夹和文件的信息，包括文件夹和文件的名称、大小、类型和修改时间等。对于驱动器则显示其类型、大小和可用空间，如图 2-47 所示。

图 2-47　按详细信息方式查看文件

值得注意的是，用户在使用时有时为了便于查看，可以调节列的宽度，具体操作如下：

1）将鼠标指针指向列标题，并移动到列分界线上，直到鼠标指针变成双箭头。

2）按住鼠标左键不放并左右拖动即可调节列的宽度。

当窗口中的图标太多时，用户可以利用"查看"菜单中的"排序方式"命令，按名称、类型、大小、修改日期或递增顺序等将图标排序，以便于查找，如图 2-48 所示。

图 2-48　"查看"菜单中的"排序方式"命令

其中的"按组排列"允许用户通过文件的任何细节（如名称、大小、类型或更改日期）对文件进行分组。例如，按照文件类型进行分组时，图像文件将显示在同一组中，Microsoft Word 文件将显示在另一组中，Excel 文件也将显示在另一个组中。

任务 3.2　文件资源管理器的使用

【任务目标】本任务要求学生熟练掌握打开"文件资源管理器"的方法及"文件资源管理器"的管理与使用。

"文件资源管理器"是 Windows 10 一个重要的文件管理工具。它将计算机中的所有文件图标化，使得对文件的查找、复制、删除、移动等变得更加容易，也使用户更加方便地进行文件的各种操作。

【任务操作1】打开"文件资源管理器"的方法。

打开"文件资源管理器"的基本方法有两种：一是用快捷键打开"文件资源管理器"，二是利用"开始"菜单来打开"文件资源管理器"。下面将分别进行介绍。

首先介绍用快捷键打开"文件资源管理器"的方法。具体操作如下：

● 用快捷键。如按■+E 组合键，打开如图 2-49 所示的窗口。

图 2-49　按■+E 组合键打开的窗口

● 单击"文件资源管理器"命令，打开"文件资源管理器"窗口。

下面介绍使用"开始"菜单打开"文件资源管理器"的方法。具体操作如下：

● 单击"开始"按钮，打开"开始"菜单。
● 找到"最近添加"一栏。
● 找到"Windows 系统"选项，单击"文件资源管理器"命令，打开"文件资源管理器"。

【任务操作2】了解"文件资源管理器"窗口。

下面将向用户介绍"文件资源管理器"窗口，如图 2-50 所示。

"文件资源管理器"窗口与"此电脑"窗口基本相似。"文件资源管理器"窗口包括"控制按钮区栏""菜单栏""地址栏""搜索栏""导航窗格""工作区"和"状态栏"等，相关内容已经进行了详细介绍，这里就不一一重复了。

图 2-50　"文件资源管理器"窗口

【任务操作 3】"文件资源管理器"的基本操作。

"文件资源管理器"是 Windows 10 的"文件管理器"，因此其基本操作是查看文件和选定文件，然后再对选定的文件进行各种操作。"文件资源管理器"的"导航窗格"以树形目录的形式显示文件夹，"工作区"则显示"导航窗格"中选定文件夹中的内容。

如果要选定文件夹，则在"导航窗格"中单击所需文件夹即可，此时"工作区"会显示该文件夹的内容；其中文件夹左边的 ▷ 表示该文件夹有下一级的文件夹，单击 ▷，则会相应地打开下一级的文件夹；◢ 号则表示已全部打开其中的文件夹，单击 ◢，则会关闭其中所有的文件夹；没有 ▷ 号或 ◢ 号则表示其中不包含任何的下一级文件夹。所以如果要折叠文件夹，可单击文件夹左侧的 ◢ 号，这样就可以将该文件夹折叠；相反，如果单击文件夹左侧的 ▷ 号，将以阶梯的形式展开其所包含的子文件夹，如图 2-51 所示。如果在选定文件夹时双击文件夹，可同时展开（或折叠）文件夹，并且在"工作区"显示该文件夹内容。

图 2-51　文件夹展开和折叠时的"文件资源管理器"

【任务操作4】"文件夹选项"对话框的使用。

在"文件夹选项"对话框中，用户可以方便地自定义文件夹的打开视图。要打开"文件夹选项"对话框，应执行如下操作：

单击"文件"→"选项"→"文件夹选项"命令，打开"文件夹选项"对话框，如图2-52所示。

图 2-52　"文件夹选项"对话框

由图2-52可以看到，"文件夹选项"对话框包括"常规""查看"和"搜索"3个选项卡。下面主要介绍"常规"和"查看"这两个选项卡。

● "常规"选项卡："常规"选项卡是"文件夹选项"对话框的默认界面。在"按如下方式单击项目"选项中，用户选定"通过单击打开项目(指向时选定)"，表示此时用户单击文件就相当于打开这个文件，将鼠标指针指向文件时表示选中它；用户选定"通过双击打开项目(单击时选定)"，表示用户单击文件或文件夹时，选中它，双击时打开它。

● "查看"选项卡：用户单击"查看"标签，"文件夹选项"对话框如图2-53所示。在"高级设置"列表框中，用户为了使屏幕的显示更加简洁，可以将一些已知的文件类型隐藏起来，这时可以勾选"隐藏已知文件类型的扩展名"复选框；有时为了安全起见，用户需要将一些重要的文件信息隐藏起来，这时可以勾选"不显示隐藏的文件、文件夹或驱动器"复选框，当用户需要使用它们时，可以勾选"显示隐藏的文件、文件夹和驱动器"复选框；如果要查看所选文件的完整目录，可以勾选"在标题栏中显示完整路径(仅限经典主题)"复选框。如果正在使用网络或忘记了是否打开本地文件夹，该选项特别有用。

图 2-53　"查看"选项卡

案例实训

【实训要求】

（1）在"文件资源管理器"中完成：在文档中新建一个以自己名字为名的文件夹；设置用"文件资源管理器"查看文件和文件夹时显示已知文件类型的扩展名。

（2）隐藏放在库下的"示例音乐"文件夹。

【实训步骤】

1. 新建文件夹

在文档中新建一个以自己名字为名的文件夹；设置用"文件资源管理器"查看文件和文件夹时显示已知文件类型的扩展名。

（1）单击"文件资源管理器"窗口左侧窗格中的"文档"图标，使其为当前文件夹。

（2）单击"主页"→"新建文件夹"命令。

（3）输入自己的名字后单击任一空白位置。

（4）单击"文件"菜单中的"选项"命令，打开"文件夹选项"对话框。

（5）选择"查看"选项卡，然后在"高级设置"列表框中取消勾选"隐藏已知文件类型的扩展名"复选框，再单击"确定"按钮。

2. 隐藏文件夹

隐藏放在库下的"示例音乐"文件夹。

（1）右击"示例音乐"文件夹。

（2）在快捷菜单中选择"属性"命令。

（3）在"示例音乐"属性对话框选择"常规"选项卡，勾选"隐藏"属性复选框，然后单击"确定"按钮。

（4）单击"文件"菜单中的"选项"命令，在"文件夹选项"对话框中选择"查看"选项卡，在"高级设置"列表框中勾选"不显示隐藏的文件、文件夹或驱动器"复选框，最后单击"确定"按钮即可。

项目 4　Windows 10 的文件及磁盘管理

 项目分析

本项目主要讲解 Windows 10 的文件的相关操作和磁盘的管理。要求熟练掌握各种文件的管理方法和磁盘管理的方法。

任务 4.1　文件管理

【任务目标】本任务要求学生熟练掌握文件或文件夹的选择、复制、移动、删除、重命名和搜索以及查看文件内容和属性等基本操作。

 知识拓展

在这里对文件的管理都使用"文件资源管理器"，实际上许多操作同样可以使用"此电脑"窗口来完成。

【任务操作】文件及文件夹的管理。

1．选择文件和文件夹

在 Windows 中无论是打开文件、运行程序、删除文件还是复制文件，用户都得先选定文件或文件夹，再进行相应操作。下面将介绍如何选择文件和文件夹。

如果要选择文件或文件夹，应执行如下操作：

（1）启动"文件资源管理器"。

（2）在导航窗格中单击包含要选择对象的文件夹。例如，单击 Program Files 文件夹，此时"文件资源管理器"右边的工作区中显示文件夹的内容，如图 2-54 所示。

（3）执行下述操作之一，选择文件或文件夹。

● 单击"主页"菜单中的"全部选择"命令，可选择当前文件夹中的所有文件。

● 按 End 键，可选定当前文件夹末尾的文件或文件夹。

● 按 Home 键，可选定当前文件夹开头的文件或文件夹。

● 按字母键，可选定第一个以该字符为文件名或文件夹名首字母的文件或文件夹。例如，按 A 键，将选定第一个以字母 A 开头的文件或文件夹。继续按字母键，将选定下一个以该字母为首字母名称的文件或文件夹。

● 如果要选择连续的多个文件，单击第一个文件，再按住 Shift 键，单击最后一个文件即可。

● 如果要选择多个不连续的文件，可按住 Ctrl 键，依次单击要选定的文件。

图 2-54　Program Files 文件夹中的内容

● 可以用鼠标拖放来选定连续的多个文件，即在要选定的第一个文件的左上角按下鼠标，然后拖动鼠标至最后一个文件的右下角再释放鼠标。

2. 新建文件夹

在 Windows 10 中，可以通过文件夹来管理文件。通过将相互联系的一类文件放置到文件夹中，可以使得文件易于管理，并方便查找。

首先介绍在"文件资源管理器"中新建文件夹的方法，具体操作如下：

（1）启动"文件资源管理器"，在导航窗格中单击新建文件夹所处的上一级文件夹。例如，单击"我的文档"文件夹，打开该文件夹。

（2）打开"主页"菜单，单击"新建文件夹"命令，建立一个临时名称为"新建文件夹"的新文件夹，如图 2-55 所示。

图 2-55　新建文件夹

（3）输入新文件夹的名称。

（4）单击新建的文件夹就可打开该文件夹。

3. 复制文件和文件夹

复制文件或文件夹是用户常用的操作，在 Windows 10 中，这类操作非常直观和简便。复制文件或文件夹有多种方法，可以用鼠标拖放来复制，也可通过菜单或工具栏来进行复制。

（1）用鼠标拖放来进行复制，具体操作如下：

1）打开"文件资源管理器"，在导航窗格中选择要复制的文件，这时被选中的文件反白显示。

2）按住并拖动鼠标，指向要复制到的文件夹，这时这个文件夹会反白并放大显示已经被选中了，释放鼠标完成操作。

这样就完成了文件的复制。值得注意的是，当目标文件夹在导航窗格顶部以上或底部以下时，可以将鼠标指针指向顶部或底部文件夹，再往上或往下移动，即可滚动显示其他文件夹，直到显示目标文件夹为止。

在鼠标的拖动过程中，光标的右下角会显示一个加号，这就表示现在执行的是复制操作，如果没有这个加号就表示执行的是移动操作。一般在不同的磁盘驱动器之间拖动文件是执行复制操作；而在同一磁盘驱动器之间移动文件是执行移动操作。

（2）用"主页"菜单中的命令来复制文件。

1）打开"文件资源管理器"，在导航窗格中选择要复制的文件。

2）单击"主页"菜单中的"复制"命令。

3）选中目标文件夹。

4）单击"主页"菜单中的"粘贴"命令完成复制操作。

（3）利用"主页"菜单中的"复制到文件夹"命令复制文件，其操作方法如下：

1）打开"文件资源管理器"，在导航窗格中选择要复制的文件。

2）单击"主页"菜单中的"复制到文件夹"命令，如图 2-56 所示。

图 2-56　"复制到文件夹"命令

3）可通过滚动条来选择目标文件夹；也可以单击"新建文件夹"命令来创建要复制到的目标文件夹。

4）单击"确定"按钮，此时会弹出"正在复制"对话框。

4. 移动文件和文件夹

文件和文件夹的移动类似于文件和文件夹的复制。不同的是，执行完复制操作后，不仅在目标文件夹生成一个文件，而且在原来的位置上仍然有这个文件；而执行完移动操作后，仅仅在目标文件夹生成一个文件，原来的位置上就没有这个文件了。

上面曾经提到过，在同一磁盘驱动器里使用鼠标拖动可以进行文件移动操作。除此之外，还可以使用鼠标右键、菜单命令来执行移动文件的操作。

（1）使用鼠标右键移动文件，具体操作如下：

1）打开"文件资源管理器"，在导航窗格中选择要移动的文件或文件夹。

2）在选定的文件或文件夹上按住鼠标右键，然后向目标文件夹拖动。

3）当拖动到目标文件夹时，释放鼠标，打开一个快捷菜单。

4）选择"移动到当前位置"命令。

（2）用菜单命令移动文件和文件夹，具体操作如下：

1）打开"文件资源管理器"，在导航窗格中选择要移动的文件或文件夹。

2）单击"主页"菜单中的"剪切"命令。

3）定位到目标文件夹。

4）单击"主页"菜单中的"粘贴"命令。

（3）通过工具栏中的"移动这个文件"来移动文件夹，具体操作如下：

1）打开"文件资源管理器"，在导航窗格中选择要移动的文件或文件夹。

2）单击主页中的"移动到"按钮，弹出下拉菜单，选择文件移动的位置，如图 2-57 所示。

3）除了图 2-57（a）所示菜单显示的几个位置，末尾"选择位置"是自定义移动位置。

4）单击"选择位置"，弹出"移动项目"对话框，选择"新建文件夹"或"已有文件"，选择好位置后单击"移动"按钮，如图 2-57（b）所示。

（a）选择文件移动的位置　　　　　（b）自定义移动位置

图 2-57　移动文件夹

执行完上述操作，就完成了对文件的移动。

5. 删除文件和文件夹

如果总是保留不需要的文件和文件夹，硬盘剩余可用的空间也就会越来越少，因此需要将无用的文件和文件夹删除。删除文件分为两个步骤：第一步，将文件或文件夹删除到回收站，如果以后要用到此文件，用户可以将它还原；第二步，将文件从硬盘上彻底删除，也就是从回收站中清除。

首先应将不用的文件移动到回收站，具体操作如下：

（1）打开"文件资源管理器"窗口。

（2）定位到要删除文件或文件夹所处的上一级的文件夹。

（3）右击要删除的文件，打开快捷菜单，如图 2-58 所示。

（4）单击"删除"命令，打开确认对话框。

（5）单击"是"按钮，将文件送到回收站中。

值得注意的是，从 U 盘中删除的文件不会被送到回收站中，它们将被永远删除；如果用户在选择"删除"命令的同时按 Shift 键，删除文件时将跳过回收站直接永远删除，此时将打开"删除文件夹"对话框，如图 2-59 所示。再单击"是"按钮，就删除了该文件。

图 2-58　右击文件时打开的快捷菜单

图 2-59　"删除文件夹"对话框

将文件或文件夹移动到回收站后，文件或文件夹并未从硬盘上清除，而只是由原文件夹的位置移动到回收站文件夹中。用户如果确实要删除文件或文件夹，可以再将文件从回收站中删除，即可将文件从硬盘上彻底删除。

6. 重命名文件

用户能够很方便地改变文件或文件夹的名称，具体操作如下：

（1）单击要重命名的文件。

（2）间隔一会儿再单击一下文件名，这时文件名
会反白显示，如图 2-60 所示。

图 2-60　重命名文件或文件夹

（3）输入文件名。

（4）在空白处单击或按 Enter 键，就完成了文件的重命名。

7.　查看文件的属性

无论是文件夹还是文件，都有属性，这些属性包括文件的类型、位置、大小、名称、创建时间、只读、隐藏、存档、系统属性等。这些属性对于文件和文件夹的管理十分重要，因此用户有必要经常查看文件或文件夹的属性。

如果要查看文件夹的属性，应执行如下操作。

打开"文件资源管理器"，右击要查看属性的文件夹，打开一个快捷菜单。单击"属性"命令，打开文件夹的"属性"对话框。图 2-61 显示了"文档属性"对话框。

在"文档属性"对话框中，选择"常规"选项卡，可以了解到文件夹多方面的信息，包括文件夹类型、文件夹的位置、文件夹的大小、文件夹内包括的文件个数和子文件夹的数目、文件夹的创建时间、文件夹可设置的属性。

图 2-61　"文档属性"对话框

这里介绍文件夹的可设置属性。文件夹的可设置属性如下：

- 只读：在删除和重命名文件夹时，给出特殊的提示，含有此属性的文件夹通常不易被误删。
- 隐藏：将文件夹隐藏起来。除非知道文件夹名称否则无法看到或使用它，可防止别人看到文件夹。
- 存档：一些应用程序的文件夹用来控制哪些文件应该备份。

查看文件的属性和查看文件夹的属性的操作基本相同，只不过文件的属性比文件夹的属性多几项而已。如果要查看文件的属性，应执行如下操作：

（1）打开"资源管理器"，右击要查看属性的文件，打开一个快捷菜单。

（2）单击"属性"命令，打开文件的属性对话框。图 2-62 显示了一个文件的属性对话框。

图 2-62 文件的属性对话框

在文件的属性对话框中可以看到，除了具有与文件夹一样的信息外，还有文件的修改时间和访问时间。

任务 4.2 磁盘管理

【任务目标】本任务要求学生熟练掌握磁盘管理中的备份、还原及磁盘清理等操作。

【任务操作】磁盘管理。

备份就是指将重要的信息数据复制到软盘或其他硬盘中以保留备用，当计算机中保存的原文件被破坏时就可以使用备份数据，这样增强了数据的安全性。备份工具既可以备份整个硬盘，也可以指定需要的文件或文件夹。

单击"开始"→"Windows 控制工具"→"控制面板"→"系统和安全"→"备份和还原"→"立即备份"命令，即可启动"备份"程序。

1. 备份文件和设置

启动备份工具后，就可以将用户需要的文件进行备份了，具体操作如下：

（1）如果是要新建备份作业，则选中"备份"对话框中的"立即备份"单选按钮。

（2）单击"设置备份"，选中备份保存的磁盘（图 2-63），单击"下一步"按钮，选中"让 Windows 选择（推荐）"单选按钮，单击"下一步"按钮，如图 2-64 所示。

图 2-63　选中备份保存磁盘

图 2-64　选中"让 Windows 选择（推荐）"单选按钮

单击"更改计划"，在弹出的界面中设置备份的时间和频率，然后依次单击"确定"按钮，保存设置并运行备份，如图 2-65 所示。

图 2-65　设置备份的时间和频率

2. 还原文件和设置

文件备份完成后，用户就可以把这个已经备份的文件还原到计算机中以便使用。单击"备份和还原"窗口中的"选择其他用来还原文件的备份"图标，如图 2-66 所示。

图 2-66　选择"选择其他用来还原文件的备份"

使用"选择其他用来还原文件的备份"可以快速进行还原备份文件的操作，包括以下几个主要部分：

（1）找到要还原的数据：单击"选择其他用来还原文件的备份"，弹出"还原文件（高级）"对话框。可以看到蓝色复选标记即为备份文件的路径，如图 2-67（a）所示。单击"下一步"按钮跳转到"还原文件"对话框，如图 2-67（b）所示，右侧可以选择浏览文件夹还是文件，这里选择"浏览文件夹"，找到要还原的文件夹，单击"添加文件夹"按钮，回到"还原文件"对话框中单击"下一步"按钮，如图 2-67（c）所示。

（2）还原方向：列出可还原备份数据的位置，可选择其中一种。

● 原位置：备份数据时，将这些数据还原到其所在的文件夹，选择完成后单击"还原"按钮，如图 2-67（b）所示。

● 单个文件夹：将数据还原到指派的文件夹。该选项不保存备份数据的目录结构，只是在指派的文件夹中显示文件，如图 2-67（d）所示，选择完成后单击"还原"按钮。

3. 磁盘清理

"磁盘清理"程序帮助释放硬盘驱动器空间。"磁盘清理"程序搜索驱动器后列出临时文件、Internet 缓存文件和可以安全删除的不需要的程序文件。可以使用"磁盘清理"程序删除部分或全部文件。单击"开始"→"最近添加"→"Windows 管理工具"→"磁盘清理"→"磁盘清理"命令，即可启动"磁盘清理"程序。

（a）找到备份数据路径　　　　　　　　（b）还原到原位置

（c）还原文件或文件夹　　　　　　　　（d）还原到当文件夹

图 2-67　还原备份文件

进行磁盘清理，应执行如下操作：

（1）启动"磁盘清理"程序后，选择需要进行扫描的驱动器，如图 2-68 所示。

图 2-68　"磁盘清理"程序

（2）在"要删除的文件"列表框中选择文件类型：回收站、系统还原、用于内容索引程序的分类文件，如图 2-69 所示。

（3）单击"确定"按钮，即可对该磁盘进行清理。除此之外，"磁盘清理"程序还提供了一些其他高级选项设置，可在"磁盘清理"对话框中选择"其他选项"选项卡，如图2-70所示。

图 2-69　"磁盘清理"对话框

图 2-70　"其他选项"选项卡

单击"程序和功能"中的"清理"按钮，则启动"Windows 组件向导"，进行添加或删除 Windows 安装软件的操作。

单击"系统还原和卷影复制"中的"清理"按钮，则启动"系统还原"，使用该程序可以删除已保存的系统还原点。

4. 硬盘碎片的整理

Windows 10 中的"磁盘碎片整理"程序可以优化程序加载和运行的速度。用户通过使用"磁盘碎片整理"程序重新整理硬盘上的文件和未使用的空间，将使文件存储在一片连续的单元中，并将空闲空间合并，从而可提高硬盘的访问速度。下面就来介绍"磁盘碎片整理"程序的操作方法。

首先启动"磁盘碎片整理"程序，请执行如下操作：

单击"开始"→"最近添加"→"磁盘碎片整理优化器"→"磁盘碎片整理优化器"命令，启动"磁盘碎片整理"程序。

整理一个磁盘，应执行如下操作：

（1）启动"磁盘碎片整理"程序后，将出现"优化驱动器"窗口。用户可以在窗口中选择需要进行整理的驱动器，如图2-71所示。

（2）单击"分析"按钮，即可对选定磁盘进行碎片情况分析。完成后，弹出分析报告对话框，提示用户是否进行碎片整理。

（3）单击"碎片整理"按钮，即可开始对该磁盘进行整理。在对磁盘进行碎片整理的过程中，用户可以随时了解磁盘碎片整理的进程，如图2-72所示。

图 2-71　"优化驱动器"窗口

图 2-72　磁盘碎片整理的进程

　　另外，在对磁盘进行碎片整理时，计算机也可以执行其他任务，但是运行速度将变慢，而且"磁盘碎片整理"程序也要花费更长时间；如果要临时停止"磁盘碎片整理"程序以便更快地运行其他程序，可以单击"优化驱动器"窗口中的"停止"按钮。在碎片整理过程中，每当其他程序写该磁盘后"磁盘碎片整理"程序都将重新启动；如果"磁盘碎片整理"程序重新启动太频繁，可在整理磁盘碎片时关闭其他程序。

案例实训

【实训要求】

打开"文件资源管理器"，完成如下操作：

（1）在"我的文档"中新建一个名为 Mybook 的文件夹。

（2）将 Mybook 文件夹改名为 Mydir。

（3）将 C:\winnt\system32 文件夹中的 calc.exe、notepad.exe、mspaint.exe 等文件复制到 Mydir 文件夹中。

（4）将 Mydir 文件夹中的 calc.exe 文件移至 C: 盘根目录下。

（5）创建快捷方式：在桌面上建立计算器（Calc）的快捷方式。

【实训步骤】

用 Windows+E 组合键打开"文件资源管理器"，进行以下操作：

（1）新建文件夹名为 Mybook 的文件夹。

1）单击左窗格中"我的文档"图标，使其为当前文件夹。

2）单击"文件"菜单，并指向"新建"菜单项。

3）单击子菜单中的"文件夹"命令。

4）输入 Mybook 后单击任一空白位置。

（2）重命名文件。

1）选定要改名的文件夹 Mybook。

2）单击"文件"菜单，再单击"重命名"命令。

3）输入新名称 Mydir 并按 Enter 键。

（3）执行复制文件夹。

1）单击左窗格中的 C:\winnt\system32 文件夹，使其为当前文件夹。

2）按住 Ctrl 键分别单击右窗格中的 calc.exe、notepad.exe、mspaint.exe 等文件。

3）单击工具栏中"复制"按钮。

4）单击左窗格中的 Mydir 文件夹，再单击工具栏中的"粘贴"按钮。

（4）移动文件夹。

1）单击左窗格中的 Mydir 文件夹，使其为当前文件夹。

2）单击右窗格中 calc.exe 文件，按 Ctrl+X 组合键进行剪切。

3）右击 C:盘，单击快捷菜单中的"粘贴"命令。

（5）创建快捷方式。

1）单击左窗格 C:盘根目录。

2）在右窗格中选中计算器应用程序（Calc）。

3）右击"文件"，选择"发送到桌面"子菜单下的"桌面快捷方式"命令。

 任务拓展

扫一扫二维码，查看 Windows 10 的环境设置和其他拓展任务。

Windows 10 的
其他操作

扫一扫二维码，查看模块实训。

模块实训

扫一扫二维码，查看课后习题。

课后习题

回顾本模块的学习过程，将你获得的知识、技能、感悟等，以文字或思维导图的形式
总结记录下来。

老师评价：

同学评价：

模块三 文字处理软件 Word 2016

- Word 2016 文档的基本操作
- Word 2016 表格的运用
- Word 2016 文档的排版
- Word 2016 图文混排
- Word 2016 文档的样式和模板
- Word 2016 的其他功能

- 了解 Word 2016 的基本功能
- 掌握 Word 2016 样式和模板的使用
- 掌握 Word 2016 文档的基本操作
- 掌握 Word 2016 表格的运用
- 熟练掌握 Word 2016 文档的排版
- 掌握 Word 2016 图片图形及图文混排

思政园地

　　吾尝终日而思矣，不如须臾之所学也。吾尝跂而望矣，不如登高之博见也。登高而招，臂非加长也，而见者远；顺风而呼，声非加疾也，而闻者彰。

——《荀子·劝学》

　　译文　我曾经整天思索，却不如片刻学到的知识多；我曾经踮起脚远望，却不如登到高处看得广阔。登到高处招手，胳膊没有比原来加长，可是别人在远处也看见；顺着风呼叫，声音没有比原来加大，可是听的人听得很清楚。

项目 1　创建文档

 项目分析

本项目要求理解 Word 2016 这款软件的作用，了解 Word 2016 的窗口组成，掌握 Word 2016 的启动和退出、Word 文档的创建方法、文档中不同视图的作用及视图的切换方式。

任务 1.1　Word 2016 窗口的组成

【任务目标】本任务要求学生了解 Word 2016 窗口的组成以及各部分的构成和使用方法。

【任务操作 1】Word 2016 的启动和退出。

1. 启动

启动 Word 2016 最常用的方法有以下两种：

方法 1：按 Windows 键，输入 Word，单击搜索到的 Word 2016 应用，如图 3-1 所示。

图 3-1　Word 2016 的启动

方法 2：双击桌面 Word 文档启动。

2. 退出

单击 Word 窗口右上角"关闭"按钮▨可以退出 Word。

📖**知识链接**

Word 2016 是 Microsoft Office 2016 系列软件中的一个重要组件，它是功能强大的文字处理软件，主要应用于日常办公和文字处理，使用它能够创建文章、报告、书信、简历等各种文档，同时可以在文档中插入图片等对象对文档进行修饰。在 Office 2003 以前的版本中，命令和功能常常隐藏在复杂的菜单中，而在 Word 2016 中可以在包含命令和功能逻辑组的选项卡中轻松地找到它们。新的用户界面利用显示可用选项的下拉菜单替代了以前的许多对话框，并且提供了描述性的工具提示或示例预览来帮助用户选择正确的选项。

Word 2016 在保留旧版本功能的基础上新增和改进了许多功能，使其更易于学习和使用。

【任务操作 2】 认识 Word 2016 窗口的组成。

双击桌面 Word 2016，即可启动 Word 2016 的窗口，其主要内容包括以下数项，如图 3-2 所示。

图 3-2　Word 2016 的窗口组成

（1）Backstage 视图。在 Word 2016 中由"文件"按钮取代了 Word 2007 中的 Microsoft Office 按钮。"文件"按钮位于 Word 窗口的左上角，单击将显示 Backstage 视图，其中有"信息""新建""打开""保存""另存为""打印""共享""导出"和"关闭"等常用命令，默认显示其"信息"选项卡，从中可以设置文档权限等操作。

（2）快速访问工具栏。快速访问工具栏位于 Word 窗口顶部"文件"按钮的右侧。这是一个可自定义的工具栏，它包含一组独立于当前所显示的选项卡的命令。单击快速访问工具栏右侧的▾按钮，将出现"自定义快速访问工具栏"下拉菜单，如图 3-3 所示，通过此菜单，用户可以在快速访问工具栏中添加或删除命令按钮。

（3）标题栏。标题栏位于窗口顶端，显示了应用程序名 Microsoft Word 以及 Word 文档名，最左端分别是"文件"按钮和快速访问工具栏，右端依次为 Word 的 3 个控制按钮："最小化"按钮、"最大化"或"还原"按钮、"关闭"按钮。

图 3-3 自定义快速访问工具栏

（4）功能区、选项卡和组。功能区是从 Word 2007 开始增加的元素，它将 Word 2003 以前版本中的菜单栏和工具栏合成在一起，以选项卡的形式列出 Word 中的操作命令；每个选项卡由数个组构成，组将执行特定类型任务时可能用到的所有命令放在一起，并在整个任务执行期间一直处于显示状态，以方便使用。

在 Word 2016 中有"开始""插入""布局""引用""邮件""审阅"和"视图"等选项卡，每个选项卡代表一组核心任务，分为若干组。

- "开始"选项卡：此选项卡中包括了很多最常用的命令，如"复制""剪切""粘贴"和"格式刷"等，在该选项卡中还可以进行字体、段落设置等。
- "插入"选项卡：通过该选项卡可以在 Word 文档中插入表格、图片、剪贴画、超链接、页眉页脚、艺术字和各种特殊符号等。
- "布局"选项卡：在该选项卡中可以对 Word 文档设置主题、背景、段落以及页边距、纸张方向、分栏等。
- "引用"选项卡：包含"目录""脚注""引文与书目""题注""索引"和"引文目录"几个组，主要用于实现在 Word 2016 文档中插入目录等比较高级的功能。
- "邮件"选项卡：通过该选项卡可以完成信封制作、邮件合并等功能。
- "审阅"选项卡：通过该选项卡可以对文档内容进行拼写检查等校对工作，并且还可以添加批注、进行中文简体和繁体的转换等。
- "视图"选项卡：通过该选项卡可以选择文档的不同视图和设置显示比例，另外还可以设置标尺、文档结构图和网格线等的显示与隐藏等。

（5）文档编辑区。文档编辑区位于 Word 窗口的中央，是编辑文本以及其他对象的区域，其中闪烁着的竖线形光标称为插入点，用于指示输入文本或插入其他对象的位置。

（6）状态栏。状态栏位于窗口底部，默认显示文档的视图和缩放比例等内容，其功能主要是切换视图模式、调整文档显示比例等，从而使用户查看文档内容更方便。

⊠ 说明提示

（1）双击选项卡标签可以隐藏功能区；再次双击即可重新显示功能区。

（2）在 Word 2016 中，可以自定义状态栏以满足用户的不同需求。在状态栏上右击，在弹出的快捷菜单中选择所需选项即可。

【**任务操作 3**】快捷键的操作。

表 3-1 为 Word 2016 中的常用快捷键。

表 3-1　Word 2016 中的常用快捷键

快捷键	功能	快捷键	功能
Ctrl+A	选取整篇文档	Ctrl+V	插入点插入剪贴板内容
Ctrl+B	加粗文本	Ctrl+W	关闭文档
Ctrl+C	复制所选内容	Ctrl+X	将剪切内容放入剪贴板
Ctrl+D	修改选定字符格式	Ctrl+Y	重复上一步操作
Ctrl+E	段落居中	Ctrl+Z	取消上一步操作
Ctrl+H	查找和替换	Ctrl+R	段落右对齐
Ctrl+I	使所选文字倾斜	Ctrl+L	段落左对齐
Ctrl+M	调整整段缩进	Ctrl+U	给所选内容添加下划线
Ctrl+N	创建新文档或模板	Ctrl+Enter	在插入点插入一个分页符
Ctrl+O	打开已有的文档或模板	Ctrl+Up	将插入点上移一个段落
Ctrl+P	打印文档	Ctrl+Down	将插入点下移一个段落
Ctrl+Q	删除段落格式	Ctrl+Home	将插入点移到文档开始
Ctrl+S	保存当前活动文档	Ctrl+End	将插入点移到文档结尾
Ctrl+T	设置悬挂式缩进	Ctrl+Alt+I	打印预览

【**任务操作 4**】视图方式的切换。

编辑文本时，需要查看格式、段落等效果。Word 2016 为用户提供了多种查看方式来满足不同的需要。在"视图"选项卡的"视图"组中可以切换不同的视图方式来查看文档，这些视图包括页面视图、阅读版式视图、Web 版式视图、大纲视图和草稿视图等，如图 3-4 所示，下面简要介绍各种视图的特点以及导航窗格的作用。

图 3-4　视图方式

（1）页面视图：页面视图适用于浏览整个文章的总体效果。它可以显示出页面大小、布局，编辑页眉和页脚，查看、调整页边距，处理分栏及图形对象。在页面视图下，文档按照与实际打印效果一样的方式显示。

（2）阅读版式视图：该视图方式适合阅读长篇文章。它隐藏功能区和选项卡，在屏幕的右上角将显示"视图选项"按钮和"关闭"按钮，单击"视图选项"按钮将显示阅读版式视图菜单，从中可以选择显示页数等；单击"关闭"按钮将退出阅读版式视图。在该视图下，按 Enter 键和 Backspace 键都可以翻页，使用户很方便地进行阅读。

（3）Web 版式视图：使用 Web 版式视图可以预览具有网页效果的文本。在这种方式下，为了与浏览器的效果保持一致，原来需要换行显示的文本，重新排列后在一行中就全部显示出来。使用 Web 版式视图可快速预览当前文本在浏览器中的显示效果，便于做进一步的调整。

（4）大纲视图：在该视图中，能查看文档的结构，可以通过拖动标题来移动、复制和重新组织文本，还可以通过折叠文档来查看主要标题，或者展开文档以查看所有标题甚至正文。大纲视图中不显示页边距、页眉和页脚、图片和背景。

（5）草稿视图：在草稿视图中可以输入、编辑和设置文本格式。草稿视图可以显示文本格式，但简化了布局。在草稿视图中，不显示页边距、页眉和页脚、背景、图形对象，因此适合编辑内容、格式简单的文档。

（6）导航窗格：在"视图"选项卡的"显示"组中，勾选"导航窗格"复选框，Word 将在窗口左侧显示导航窗格，如图 3-5 所示。导航窗格代替了以前版本中的文档结构图。

导航窗格上部有 3 个选项卡，通过它们能够分别浏览文档中的标题、文档中的页面和当前搜索的结果。

图 3-5　显示导航窗格

案例实训

【实训要求】

1．用任何一种方式启动 Word 2016。

2．熟悉 Word 文档的窗口组成。

3．依次打开每一个选项卡，熟悉里面的按钮。

4．自定义快速访问工具栏。

5．切换各种视图方式。

【实训步骤】

用任务 1.1 讲解的方法依次进行上述操作。

任务 1.2　文档的基本操作

【任务目标】本任务要求学生掌握 Word 2016 文档的创建、保存、打开以及多个文档的切换。

【任务操作 1】Word 2016 文档的创建、保存、打开以及多个文档的切换。

案例实训

【实训要求】

1．创建 Word 文档。

2．保存文档。

3．打开指定的 Word 文档。

4．在多个文档之间切换。

【实训步骤】

1．创建 Word 文档

（1）Word 空白文档的建立。在启动 Word 2016 时，系统会自动创建一个默认名为"文档 1"的空白文档，其默认的扩展名是 docx。也可以根据需要创建新文档，操作步骤如下：

步骤 1：单击"文件"按钮，在 Backstage 视图中选择"新建"选项卡，单击"空白文档"，如图 3-6 所示。

图 3-6　"新建"选项卡

⊠**说明提示**

也可以在中间列表框中选择"根据现有内容新建",则可以方便地在现有文档的基础上进行修改,同时保留了原来的版本。

步骤 2:在快捷工具栏内单击"新建空白文档",如图 3-7 所示。

图 3-7 单击"新建空白文档"

(2)根据模板新建文档。在图 3-6 所示的窗口中选择"样本模板",将显示如图 3-8 所示的窗口,中间列表框将显示已安装的 Word 文档模板图标,从中选择和用户所需创建文档类型一致的模板,然后双击模板,即可生成所需文档。此时,只需在相关区域输入对应的文档内容,不需要重新创建 Word 文档,大大简化了工作过程。

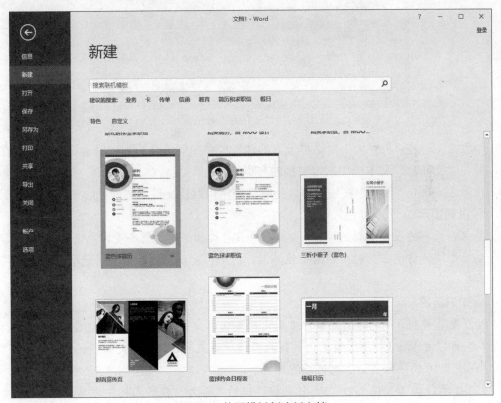

图 3-8 使用模板创建新文档

另外,需要了解的是 Word 属于多文档应用程序,所以可以同时创建多个文档。

⊠**说明提示**

还可以在图 3-6 中选择"报表""小册子""日历"等模板来创建新文档,但这些都是在线才能获取的模板,即用户的计算机连接到网络才可以创建。

2. 保存文档

完成一个 Word 文档的创建和编辑后，需要将其存储到磁盘上，以保存工作结果。同时，保存也可以避免由于断电等意外事故造成的数据丢失。保存文档的操作步骤如下：

步骤 1：单击"文件"按钮，在 Backstage 视图中选择"保存"命令，将打开"另存为"对话框，如图 3-9 所示。

图 3-9　"另存为"对话框

步骤 2：通过"另存为"对话框上方的地址栏和中间部分的列表框选择文档的保存位置，并在"文件名"文本框中指定文档的名称。

步骤 3：单击"保存"按钮即可，此时文档将以默认文件格式（.docx）来保存。

⊠说明提示

要保存已有的正在编辑的 Word 文档，并且名称和保存位置不变，则仍需选择"保存"命令或单击快速访问工具栏中的█按钮，但此时不再出现"另存为"对话框，而直接将文档保存。

🖳知识链接

为了防止死机、停电等意外事件造成正在编辑的文档无法保存，可以设置"自动保存"功能，它可以使 Word 按照设置的时间定期自动保存文档。单击"文件"→"选项"→"保存"，在图 3-10 所示位置进行时间设置即可。

3. 打开 D:盘下文件夹为"Word 文档"中的名称为"我的文档"的 Word 文档

若需对已存在的文档进行编辑，则需先打开该文档。操作步骤如下：

步骤 1：单击"文件"按钮，在 Backstage 视图中选择"打开"命令，则会出现"打开"对话框。

步骤 2：在该对话框左侧列表框中选择文件所在路径，右部列表框将显示所选文件夹中所有的文件和子文件夹；选定所要打开的文件，然后单击"打开"按钮即可。

图 3-10 自动保存时间设置

⊠**说明提示**

"打开"命令的快捷键是 Ctrl+O。若需打开最近使用过的文档，可单击"文件"按钮，然后选择"最近所用文件"选项卡，将在右侧"最近使用的文档"栏中显示最近打开过的文档，单击需要打开的文档即可。

4. 多个文档的切换

现在共打开了两个文档，如图 3-11 所示。可以用以下方法之一进行切换。

图 3-11 多文档切换

- 单击要切换为活动窗口的任意位置。
- 将鼠标指针指向任务栏上文档窗口对应的最小化按钮，选择相应的文档单击即可。
- 单击"视图"选项卡，选择"切换窗口"下拉菜单中的相应文档名，如图 3-12 所示。

图 3-12　"切换窗口"下拉菜单

⊠说明提示

当打开多个文档时，就会产生多个窗口，其中只有一个窗口是当前活动窗口。

项目 2　编辑文档

 项目分析

本项目主要介绍输入与编辑文档。要求掌握 Word 文字及符号的输入，文本的移动、复制、删除等操作，文字的查找和替换、撤消和恢复操作。

任务 2.1　文档的编辑

【任务目标】本任务要求学生掌握 Word 文档的编辑，包括文字的输入和改写，文本的移动、复制、删除、撤消和恢复等。

【任务操作】输入和编辑文档正文。

案例实训

【实训要求】

王强是一位即将毕业的大学生，他需要制作一份简历向用人单位推荐自己。

【实训步骤】

1. 新建简历文件

步骤如下：

（1）启动 Word 2016，新建 Word 文档。

（2）保存新建文档。

2. 输入和编辑简历正文

步骤如下：

（1）输入和修改文字。启动 Word 2016 后，就可以直接在空文档中输入文本。英文字符直接从键盘输入，中文字符的输入方法同 Windows 中的输入方法，中英文及不同中文输入法之间的切换不再赘述。当输入到行尾时，不要按 Enter 键，系统会自动换行。输入到段落结尾时，应按 Enter 键，表示段落结束，如图 3-13 所示。如果在某段落中需要强行换行，可以使用 Shift+Enter 组合键。

简历

姓名：张三
性别：男
出生年月：1998-5-4
民族：汉族
政治面貌：团员
身高：186
体重 68kg
学历：大专
毕业院校：黑龙江农业职业技术学院
专业：计算机网络技术

图 3-13　简历正文

💻知识链接

"插入"和"改写"是 Word 的两种编辑方式。插入是指将输入的文本添加到插入点所在位置，插入点以后的文本依次往后移动；改写是指输入的文本将替换插入点所在位置的文本。插入和改写这两种编辑方式是可以转换的，其转换方法是按键盘上的 Insert 键或双击状态栏上的"插入"或"改写"标志。通常默认的编辑状态为"插入"。如果要在文档中进行编辑，用户可以使用鼠标或键盘找到文本的修改处，若文本较长，可以使用滚动条将插入点移到编辑区内，将鼠标指针移到插入点位置单击，这时插入点即移到指定位置。

（2）选择和编辑文字。

步骤如下：

1）将鼠标指针移动到"简"字前面，按住鼠标左键，向右拖动鼠标到"历"字的后面松开左键，这两个字就变成蓝底黑字了，表示处于选中状态，如图 3-14 所示。

简历

姓名：张三
性别：男
出生年月：1998-5-4
民族：汉族
政治面貌：团员
身高：186
体重 68kg
学历：大专
毕业院校：黑龙江农业职业技术学院
专业：计算机网络技术

图 3-14

2）选中"简历"之后，单击"开始"选项卡，单击"字号"下拉列表框旁的下拉按钮，从里面选择"初号"，单击"字体"下拉列表，选择"黑体"，用同样的办法选中正文文字，将字体设置为"宋体"，字号设置为"小四"。

（3）插入文字，在文中插入"求职意向"。将光标移动到想插入文字的地方，再用键盘直接输入文字即可。

（4）删除文字，删除文中"计算机软件技术"中的"计算机"3个字。

方法1：先将光标移至"计算机"3个字后面，按键盘的Backspace键，每按Backspace一次删除光标前的一个字。

方法2：先将光标移至"计算机"3个字前面，按键盘的Delete键，每按Delete键一次删除光标后的一个字。

方法3：先选定"计算机"3个字，再按Backspace键或Delete键。

（5）改写文字，将文中"1988-8-2"改为"1988年8月2日"。

方法1：先将光标移至"1988-8-2"前面，按键盘的Insert键或双击状态栏中"改写"指示器，状态栏"改写"指示器加亮显示，表示当前"改写模式"启用，然后输入"1988年8月2日"，按键盘的Insert键或双击状态栏中"改写"指示器，状态栏"改写"指示器灰色显示，表示启用"插入模式"。

方法2：先删除"1988-8-2"，然后输入"1988年8月2日"。

方法3：先选定"1988-8-2"，然后输入"1988年8月2日"。

（6）复制文字，将"个人爱好"的内容复制到"专业课程"内容下面。

步骤如下：

1）选定要复制的文本块。

2）单击"剪贴板"组中的"复制"按钮■或右击，在快捷菜单中选择"复制"命令或按组合键Ctrl+C，此时选定的文本块被放入剪贴板中。

3）将插入点移到新位置，单击"剪贴板"组中的"粘贴"按钮■或右击，在快捷菜单中选择"粘贴"命令或按组合键Ctrl+V，此时剪贴板中的内容复制到新位置。

（7）撤消和恢复操作。在使用Word编辑文档的过程中，如果进行了误操作而想返回原来的状态，可以通过"撤消"或"恢复"功能来实现回归。

1）撤消。用户在执行删除、修改、复制和替换等操作时，难免会出现操作错误的情况，此时可以在快速访问工具栏中单击"撤消"按钮■，取消上一次对应的操作。

"撤消"命令的快捷键为Ctrl+Z，如果要撤消多次操作，可以重复单击"撤消"按钮或多次使用快捷键Ctrl+Z，直到回到想要的状态为止。

2）恢复。恢复和撤消操作是相对应的，用于恢复被撤消的操作。操作方法：在快速访问工具栏中单击"恢复"按钮■。

"恢复"命令的快捷键为Ctrl+Y。如果要恢复多项操作，可以重复单击"恢复"按钮或多次使用快捷键Ctrl+Y，直到恢复到想要的状态为止。

（8）移动文字，将文中"自我评价"的内容移到"专业课程"之前的位置。

方法1：首先要将鼠标指针移到选定的文本块中，按下鼠标的左键将文本拖曳到新位置，然后放开鼠标左键。这种操作方法适合较短距离的移动，如移动的范围在一屏之内。

方法 2：文本远距离移动可以使用"剪切"和"粘贴"命令来完成。

1）选定要移动的文本。

2）单击"剪贴板"组中的"剪切"按钮。

3）将插入点移到要插入的新位置。

4）单击"剪贴板"组中的"粘贴"按钮。

（9）保存文档，退出 Word 2016 应用程序。

任务 2.2　文档中特殊字符的编辑

【任务目标】本任务要求学生掌握 Word 文档中特殊字符的编辑。

【任务操作】插入符号或特殊字符。

用户在处理文档时可能需要输入一些特殊字符，如希腊字母、俄文字母、数字序号等。这些符号不能直接从键盘输入，用户可以使用"插入"菜单中的"符号"或"特殊符号"命令，又或者使用中文输入法提供的软键盘功能。

案例实训

【实训要求】

输入虚线框内的文字和特殊符号并将其保存为"练习 3-1.docx"。

> ☆Microsoft Office Word 2016 为创建使用其他语言的文档和在多语言设置下使用文档提供了增强的功能。
>
> ▣根据特定语言的要求，邮件合并会根据收件人的性别选择正确的问候语格式。邮件合并也能根据收件人的地理区域设置地址格式。
>
> ▣增强的排版功能实现了更好的多语言的文本显示。Word 2016 支持更多 Unicode 编码范围并能更好地支持音调符号组合。

⊠说明提示

在保存该文件时，在"文件名"文本框中只需要输入"练习 3-1"即可，".docx"是指该文件的保存类型为 Word 文档。

【实训步骤】

（1）新建 Word 文档，保存为"练习 3-1"。

（2）输入文字。

（3）将光标定位到 Microsoft 之前，单击"插入"选项卡，在"符号"组中单击"符号"命令，在下拉列表中选择合适的字符，如果没有要插入的字符，选择"其他符号"命令，弹出"符号"对话框，选择"字体"下拉列表中的项目，将出现不同的符号集；单击要插入的符号或字符，再单击"插入"按钮（或直接双击符号或字符），如图 3-15 所示。

图 3-15　"符号"对话框

（4）以同样的方法在第二段和第三段开头插入符号。

（5）保存文档。

📖 知识链接

当选择某种中文输入法后，在屏幕右下角会显示该输入法状态栏。这里以"搜狗输入法"为例，说明如何用键盘实现特殊字符的输入。

● 右击输入法状态栏上的"软键盘"按钮，弹出如图 3-16 所示的系统菜单，系统默认设置为"PC 键盘"。

● 单击"数字序号"，屏幕将显示如图 3-17 所示的键盘，这时就可以进行特殊符号的输入。例如：按"a"表示输入"⑴"，按"A"表示输入"①"。

图 3-16　软键盘系统菜单

图 3-17　软键盘

● 特殊符号输入完毕后，必须单击"PC 键盘"项返回原状态。此时软键盘还显示在屏幕上，如果不需要显示软键盘，可以再次单击输入法状态栏上的"软键盘"按钮，将软键盘关闭。

任务 2.3　文档中文字的查找和替换

【任务目标】本任务要求学生掌握 Word 文档文字的查找和替换。

【任务操作】查找。

在编辑文件时，有些工作不一定都要自己做，换句话说，让计算机自动来做，会方便、快捷、准确得多。例如，在文本中，多次出现"按钮"，现在要将其查找并修改，尽管可以使用滚动条滚动文本，凭眼睛来查找错误，但如果让计算机自动查找，既节省时间又准确得多。Word 2016 提供了许多自动功能，查找和替换就是其中之一。

查找的功能主要用于在当前文档中搜索指定的文本或特殊字符。

案例实训 1

【实训要求】

在下面的文字中查找出"计算机"。

随着软、硬件技术的不断发展，计算机的应用已经渗透到社会的各个领域，文字处理是计算机应用中一个很重要的方面。文字处理软件 Word 2016 中文版是办公自动化套件 Office 2016 中文版的重要组成部分。Office 2016 中文版是 Microsoft 公司推出的 Office 系列软件的汉化版本，它是基于 32 位操作系统 Windows 95、Windows 98 和 Windows NT 运行的办公自动化集成软件。当前 Office 系列软件已成为办公自动化软件的主流。

Office 2016 中文专业版包括文字处理软件 Word 2016、数据电子表格 Excel 2016、演示文稿制作软件 PowerPoint 2016、数据库软件 Access 2016 等常用组件。

【实训步骤】

（1）设置开始查找的位置，如文档的首部，默认情况下从插入点开始查找。

（2）在"开始"选项卡的"编辑"组中单击"查找"按钮，窗口左侧将显示"导航"窗格。

（3）在"导航"窗格顶部的文本框中输入要查找的内容"计算机"，按 Enter 键即在"导航"窗格上部显示对查找结果的汇总统计，同时在文本编辑区显示找到的第一个匹配项并且以填充颜色来突出显示，单击图 3-18 所示窗格右下角的两个三角箭头将分别显示上一个和下一个匹配项。

图 3-18　"导航"窗格显示查找结果

✉ 说明提示

此时，Word 自动从当前光标处开始向下搜索文档，查找"计算机"字符串，如果直到文档结尾都没有找到"计算机"字符串，则继续从文档开始处查找，直到当前光标处为止。查找到"计算机"字符串后，光标停在找出的文本位置，并使其置于选中状态，这时在"查找"对话框外单击，就可以对该文本进行编辑了。

【任务操作2】替换。

在文本编辑过程中，用户常常需要批量修改部分指定内容。利用替换功能可方便快速地解决此问题。

案例实训2

【实训要求】

新建一个 Word 文档，输入虚线框内的文字和特殊符号，将所有的 Language 查找出来并替换为"语言"，最后保存文档。

❖机器 Language 和☏程序 Language

机器 Language 是由 CPU 能直接执行的指令代码组成的。这种 Language 中的"字母"最简单，只有 0 和 1，即便化成为八进制形式，也只有 0、1、…、7 等八个"字母"。完全靠这八个"字母"写出千变万化的计算机程序是十分困难的。最早的程序是用机器 Language 写的，这种 Language 的缺点是：

①Language 的"字母"太简单，写出的程序不直观，没有任何助记的作用，编程人员要熟记各种操作的代码，各种量、各种设备的编码，工作烦琐、枯燥、乏味，又易出错。

②由于它不直观，也就很难阅读。这不仅限制了程序的交流，而且使编程人员的再阅读都变得十分困难。

③机器 Language 是严格依赖于具体型号机器的，程序难于移植。

④用机器 Language 编程序，编程人员必须逐一具体处理存储分配、设备使用等烦琐问题。在机器 Language 范围又使许多现代化软件开发方法失效。

【实训步骤】

（1）设置开始替换的位置。

（2）在"开始"选项卡的"编辑"组中单击"替换"按钮，打开"查找和替换"对话框中的"替换"选项卡，如图 3-19 所示。

图 3-19　"替换"选项卡

（3）在"查找内容"文本框中输入待替换的文字内容 Language，然后在"替换为"文本框中输入新的文本。

（4）如果要替换所有查找到的内容，单击"全部替换"按钮；如果对查找结果有选择地进行替换，单击"查找下一处"按钮，逐个查找替换，如果找到要替换的文本，单击"替换"，否则继续"查找下一处"。

项目 3 文档的排版

项目分析

本项目要求掌握 Word 文档的排版，包括设置字体格式、段落格式、页眉页脚，格式刷的使用，页面设置及文档的打印等。

任务 设置文档格式

【任务目标】本任务要求学生掌握 Word 文档的字体、段落设置。

【任务操作 1】字体设置。

案例实训 1

【实训要求】

新建 Word 文档，输入下面虚线框中的文字，将标题设置为"黑体"、"小三"号、居中、加粗、蓝色、添加阴影并设置为空心字；正文设置为"小四"号，字符间距加宽，5 磅。

沉淀生命　沉淀自己

麦克失业后，心情糟透了，他找到了镇上的最有名望的老者。老者听完了麦克的诉说，把他带进一个古旧的小屋，屋子里一张桌上放着一杯水。老者微笑着说："你看这只杯子，它已经放在这儿很久了，几乎每天都有灰尘落在里面，但它依然澄清透明。你知道是为什么吗？"

麦克认真思索后，说："灰尘都沉淀到杯子底下了。"老者赞同地点点头："年轻人，生活中烦心的事很多，就如掉在水中的灰尘，但是我们可以让它沉淀到水底，让水保持清澈透明，使自己心情好受些。如果你不断地震荡，不多的灰尘就会使整杯水都浑浊一片，更令人烦心，影响人们的判断和情绪。"

有一年夏天，俞洪敏老师沿着黄河旅行，他用瓶子灌了一瓶黄河水。泥浆翻滚的水被十分浑浊。可是一段时间后，他猛然发现瓶子里的水开始变清，浑浊的泥沙沉淀下来，上面的水变得越来越清澈，泥沙全部沉淀只占整个瓶子的五分之一，而其余的五分之四都变成了清清的河水。他通过瓶子，想到了很多，也悟到了很多：生命中幸福与痛苦也是如此，要学会沉淀生命。

【实训步骤】

（1）新建文档，保存为"沉淀生命，沉淀自己"。

（2）输入文字，保存。

（3）选中标题，设置字符格式。

方法 1：单击"开始"选项卡，在"字体"组中设置相应的字形、字体和字号，如图 3-20 和图 3-21 所示。

图 3-20 "字体"下拉列表   图 3-21 "字号"下拉列表

方法 2：在"开始"选项卡中，单击"字体"组右下角的对话框启动按钮，弹出"字体"对话框，如图 3-22 所示，可以设置文本的字体、字形、字号、下划线、颜色以及各种效果等。

（4）单击"开始"选项卡，在"段落"组中单击"居中"按钮，标题居中显示，在"字体"组中单击"字体颜色"按钮的下拉箭头，选择"蓝色"，单击"加粗"按钮，字体加粗显示（也可在图 3-22 所示的"字体"对话框中进行如上设置）。

（5）打开"字体"对话框，在图 3-22 所示的对话框的"效果"中选择"阴影"和"空心"。

（6）选中正文，打开"字体"对话框，在"字号"中选择"小四"，切换到"高级"选项卡，在"间距"下拉列表中选择"加宽"，在"磅值"文本框中输入"5"，如图 3-23所示。

图 3-22 "字体"对话框

图 3-23 设置字符间距

（7）保存文档，效果如图 3-24 所示。

图 3-24　效果图

📖知识链接

汉字的大小用字号表示，字号从初号、小初号、……直到八号字，对应的文字越来越小。一般书籍、报刊的正文为五号字。英文的大小用"磅"的数值表示，1 磅等于 1/12 英寸。数值越小表示的英文字符越小。

【任务操作 2】段落设置。

案例实训 2

【实训要求】

在案例实训 1 的基础上进行段落设置：

（1）首行缩进 2 字符；段前间距 0.5 行；单倍行距。

（2）第一段正文：中文字体为楷体；倾斜；添加下划线；段落左右各缩进 1 个字符。

（3）第二段正文：文字分为两栏，含分隔线，栏宽 16 字符；首字下沉 2 行，字体楷体，距正文 0 厘米。

（4）第三段正文：添加"金色双波浪线"边框；"黄色"底纹（均应用于段落）。

【实训步骤】

（1）打开文档"沉淀生命，沉淀自己"文档，选中正文，然后单击"开始"选项卡"段落"组右下角的对话框启动按钮，将显示如图 3-25 所示的"段落"对话框。在"特殊格式"中选择"首行缩进"，"磅值"选择"2 字符"，"段前"选择"0.5 行"，"行距"选择"单倍行距"。

（2）选中第一段正文，单击"开始"选项卡，在"字体"组中选择相应的字形并在"字体""字号"下拉列表进行相关设置；单击"开始"选项卡"段落"组右下角的对话框启动按钮，打开"段落"对话框，如图 3-25 所示，在"缩进"中"左侧""右侧"各选择"1 字符"。

　　（3）选中第二段正文，在"布局"选项卡中，单击"页面设置"组中的"分栏"按钮，在其下拉列表中选择"更多分栏"命令，将显示"分栏"对话框，如图 3-26 所示。选择"两栏"，勾选"分隔线"复选框，栏宽度设为"16 字符"。

图 3-25　"段落"对话框

图 3-26　"分栏"对话框

　　（4）单击"插入"选项卡，在"文本"组中单击"首字下沉"按钮，在下拉菜单中选择"首字下沉选项"命令，弹出"首字下沉"对话框，"位置"选择"下沉"，"字体"选择"楷体"，"下沉行数"设为"2"，"距正文"设为"0 厘米"。如图 3-27 所示。

　　（5）选中第三段正文，单击"段落"组"边框"按钮右侧的下拉按钮，将弹出如图 3-28 所示的菜单。选择菜单命令"边框和底纹"，将打开如图 3-29 所示"边框和底纹"对话框。

图 3-27　首字下沉设置

图 3-28　"边框"下拉菜单

图 3-29 "边框和底纹"对话框

在显示出的"边框和底纹"对话框中选择"边框"选项卡,"样式"选择"双波浪线","颜色"选择"金色","应用于"选择"段落";切换到"底纹"选项卡,"颜色"选择"黄色","应用于"选择"段落",如图 3-30 所示。

图 3-30 "底纹"选项卡

(6)保存文档,效果如图 3-31 所示。

沉淀生命 沉淀自己

麦克失业后，心情糟透了，他找到了镇上的牧师。牧师听完了麦克的诉说，把他带进一个古旧的小屋。屋子里一张桌上放着一杯水。牧师微笑着说："你看这只杯子，它已经放在这儿很久了，几乎每天都有灰尘落在里面，但它依然澄清透明。你知道是为什么吗？"

麦克认真思索后，说："灰尘都沉淀到杯子底下了。"牧师赞同地点点头："年轻人，生活中烦心的事很多，就如掉在水中的灰尘，但是我们可以让它沉淀到水底，让水保持清澈透明，使自己心情好受些。如果你不断地震荡，不多的灰尘就会使整杯水都浑浊一片，更令人烦心，影响你们的判断和情绪。"

有一年夏天，俞洪敏老师沿着黄河旅行，他用瓶子灌了一瓶黄河水。泥浆翻滚的黄河水被灌到水瓶里十分浑浊。可是一段时间浑浊之后，他猛然发现瓶子里的水开始变清，浑浊之分的泥沙沉淀下来，上面的水变得越来越河清澈，泥沙全部沉淀只占整个瓶子的五分之一水，而其余的五分之四都变成了清清的河很水。他通过瓶子，想到了很多，也悟到了沉多：生命中幸福与痛苦也是如此，要学会淀生命。

图 3-31　效果图

思政拓展

本案例蕴含的人生哲理，对你的生活和学习有哪些启迪？

知识链接

1. 设置缩进

设置缩进最快速的方法是使用标尺（如果标尺没有显示出来，选择"视图"选项卡"显示"组中的"标尺"命令），标尺上面有 4 种缩进标记。先选定欲缩进的段，用鼠标拖动相应的缩进标记向左或向右移动到合适位置，即可完成 4 种段落的缩进，如图 3-32 所示。

图 3-32　段落缩进

- 首行缩进：拖动该标记，控制段落中第一行第一个字的起始位置。
- 悬挂缩进：拖动该标记，控制段落中首行以外的其他的起始位置。
- 左缩进：拖动该标记，控制段落左边界缩进的位置。
- 右缩进：拖动该标记，控制段落右边界缩进的位置。

2. 设置段落对齐

在使用 Word 编辑文档时，段落的对齐方式直接影响 Word 文档的版面效果。文档段落的对齐方式包括"水平对齐"和"垂直对齐"两种方式，分别决定了段落在页面水平方向上和垂直方向上的排列方式。

（1）水平对齐方式有 5 种，分别是左对齐、居中对齐、右对齐、两端对齐和分散对齐。可以通过"开始"选项卡"段落"组中的功能按钮快速设置水平对齐方式，简要介绍如下：

- "文本左对齐"按钮 ▤：将文字左对齐。
- "居中"按钮 ▤：将文字左右居中对齐。
- "文本右对齐"按钮 ▤：将文字右对齐。
- "两端对齐"按钮 ▤：将文字左右两端同时对齐，并根据需要增加字间距。
- "分散对齐"按钮 ▤：使段落两端同时对齐，并根据需要增加字符间距。

（2）"垂直对齐"方式的设置。在"布局"选项卡中，单击"页面设置"组右下角的对话框启动按钮，打开"页面设置"对话框，然后在其"版式"选项卡中进行设置，此处不再赘述。

3. 设置换行和分页

Word 2016 会按照预设置的页边距和纸张大小等相关信息将文档自动分页。如果要设置段落分页的形式，可采用下列方法：

（1）将插入点移动到控制换行分页的段落中的任意位置，可选取多个段落。

（2）打开"段落"对话框，选择"换行和分页"选项卡，如图 3-33 所示。

图 3-33　"换行和分页"选项卡

（3）根据需要，用户可勾选相应的复选框。

"孤行控制"：可使文档中不出孤行。段落的第一行单独出现在页面的最后，或段落的最后一行出现在页面的起始，称为孤行。

- 段中不分页：可使同一段落总处于同一页面中。
- 与下段同页：可使 Word 不在该段落与下一段落之间添加分页符。

- 段前分页：可使 Word 在该段落前添加分页符。
- 取消行号：防止所选段落旁出现行号，但对未设置行号的文档或节无效。
- 取消断字：取消段落和自动断字功能。

在文档编排中，要求标题和后续段落在同一页上时，使用"与下段同页"选项非常有用，可避免标题出现在一页的底部，而随后的正文出现在下一页的顶部的情况。

【任务操作 3】设置页眉/页脚。

页眉可由文本或图形组成，出现在文档页面的顶端，而页脚则出现在页面的底端。页眉和页脚一般包括页码、章节标题和日期等相关信息，可以使文档更加美观并便于阅读。

默认情况下，页眉和页脚均为空白内容，只有在页眉和页脚区域输入文本或插入页码等对象后，用户才能看到页眉或页脚。通常以书名、章标题、页码、日期或公司徽标等作为页眉内容，而以页码作为页脚内容。

案例实训 3

【实训要求】

将案例实训 1 的文档添加上页眉/页脚，页眉显示文字"计算机基础"，并设置其字体为小四号，黑体。页脚添加页码，居中显示。

【实训步骤】

（1）打开文档，在"插入"选项卡的"页眉和页脚"组单击"页眉"按钮，将打开"页眉"面板，如图 3-34 所示。

图 3-34　"页眉"面板

（2）单击"空白"命令，这时将进入页眉编辑状态，并且在功能区显示"页眉和页脚工具/设计"选项卡，如图 3-35 所示。

图 3-35　编辑页眉

将光标定位到页眉区域，输入文字"计算机基础"，并设置字体、字号。

（3）在"插入"选项卡的"页眉和页脚"组中单击"页码"按钮，将显示如图 3-36 所示的"插入页码"下拉菜单，选择"设置页码格式"命令，将显示如图 3-37 所示的"页码格式"对话框，在"编号格式"下拉列表中可以选择页码的各种格式，此处选择默认格式，即阿拉伯数字。在"页码格式"对话框的下部选中"起始页码"单选按钮，并在右面的文本框中设置起始页码为"1"，然后单击"确定"按钮。

图 3-36　"插入页码"下拉菜单

图 3-37　"页码格式"对话框

（4）再次单击"页码"按钮，在其下拉菜单中选择"页面底端"菜单项，并从其子菜单所显示样式库中选择页码样式"普通数字 2"，即可完成正文页码的插入，如图 3-38 所示。

图 3-38　插入页码

（5）保存文档。

📖知识链接

在很多书籍中奇偶页的页眉和页脚是不同的，如在奇数页上使用章标题，而在偶数页上使用书籍名称。在 Word 2016 中可以很方便地为奇偶页创建不同的页眉和页脚。具体操作步骤如下：

步骤 1：按照前述方法进入页眉或页脚的编辑状态。

步骤 2：在"布局"选项卡的"页面设置"组单击对话框启动按钮，打开"页面设置"对话框，并选择"版式"选项卡，如图 3-39 所示。

图 3-39 "版式"选项卡

步骤 3：在"页眉和页脚"区域选中"奇偶页不同"，单击"确定"按钮。

步骤 4：在奇数页上插入用于奇数页的页眉或页脚，在偶数页上插入用于偶数页的页眉或页脚，然后单击"设计"选项卡上的"关闭页眉和页脚"按钮，即完成奇偶页页眉或页脚不同的设置。

【任务操作 4】利用格式刷快速设置格式。

Word 中的格式刷具有复制格式的功能，对文档应用设置好的格式时，使用格式刷可以快速复制格式。

利用"剪贴板"组"格式刷"按钮可将一个文本的格式复制到另一个文本处，操作步骤如下：

（1）选定已设置格式的文本或将插入点定位在此文本上。

（2）在"开始"选项卡的"剪贴板"组中单击"格式刷"按钮。此时将鼠标指针移至 Word 窗口的文档编辑区后，鼠标指针将变成小刷子的形状。

（3）将鼠标指针指向欲改变格式的文本头，按下鼠标左键，拖曳到文本尾，此时欲改变格式的文本呈反相显示，释放鼠标左键即完成字符格式的复制。

若要将格式复制到多处，可双击"格式刷"按钮，然后按操作（3）完成各个文本的格式复制工作；全部完成后，单击"格式刷"按钮，格式复制工作结束。

【任务操作 5】设置项目符号和编号。

项目符号和编号是在文本前使用的符号。合理使用项目符号和编号，可使文档的层次结构更加清晰醒目。Word 可以在输入文本的同时自动创建项目符号和编号列表，也可以为已存在的文本和段落添加项目符号和编号。

案例实训 4

【实训要求】

新建 Word 文档，输入虚线框中的文字，给前 5 行加项目编号 1.、2.、3.……，6、7、8 行分别添加项目符号⊙，9、10、11 添加项目编号☺，最终效果如图 3-40 所示。

成熟的人不问过去；聪明的人不问现在；豁达的人不问未来。

在人之上，要把人当人；在人之下，要把自己当人。

知道看人背后的是君子；知道背后看人的是小人。

你犯错误时，等别人都来了再骂你的是敌人，等别人都走了骂你的是朋友。

人只要能掌握自己，便什么也不会失去。

变老并不等于成熟，真正的成熟在于看透。

简单的生活之所以很不容易，是因为要活得简单，一定不能想得太多。

人们常犯的最大错误，是对陌生人太客气，而对亲密的人太苛刻，把这个坏习惯改过来，天下太平。

我们在梦里走了许多路，醒来后发现自己还在床上。

你的丑和你的脸没有关系。

1. 成熟的人不问过去；聪明的人不问现在；豁达的人不问未来。
2. 在人之上，要把人当人；在人之下，要把自己当人。
3. 知道看人背后的是君子；知道背后看人的是小人。
4. 你犯错误时，等别人都来了再骂你的是敌人，等别人都走了骂你的是朋友。
5. 人只要能掌握自己，便什么也不会失去。
⊙ 变老并不等于成熟，真正的成熟在于看透。
⊙ 简单的生活之所以很不容易，是因为要活得简单，一定不能想得太多。
⊙ 人们常犯的最大错误，是对陌生人太客气，而对亲密的人太苛刻，把这个坏习惯改过来，天下太平。
☺ 我们在梦里走了许多路，醒来后发现自己还在床上。
☺ 你的丑和你的脸没有关系。

图 3-40　效果图

【实训步骤】

（1）新建文档，输入文字，保存为"项目符号和编号.docx"。

（2）选中前 5 行，在"段落"组中单击"编号"按钮 右侧的下拉按钮，将打开"编号库"，如图 3-41 所示，从中选择相应的项目编号即可。

（3）选中 6、7、8 行，在"段落"组中单击"项目符号"按钮 右侧的下拉按钮，将打开"项目符号库"，如图 3-42 所示，从中选择相应的项目符号，若没有相应的项目符号，单击下方的"定义新项目符号"，弹出"定义新项目符号"对话框，如图 3-43 所示，单击"符号"按钮，弹出"符号"对话框，如图 3-44 所示，选择相应的符号作为新项目符号。

图 3-41 编号库

图 3-42 项目符号库

图 3-43 "定义新项目符号"对话框

图 3-44 "符号"对话框

（4）以同样方法分别选中第 9 行和第 10 行，添加新定义的项目符号。

（5）保存文档。

【任务操作 6】页面设置。

页面设置是指在完成文档内容的编辑后，对文档的纸张参数进行的设置。在新建文档时，使用的是模板默认的页面格式，主要包括文档的纸型、页边距和页面方向等内容。如果有特殊要求，用户可根据需要来修改这些设置。

案例实训 5

【实训要求】

创建新文档，输入下列文字，进行页面设置：纸张大小设置为 16 开，上、下、左、右页边距分别为 2.5 厘米、2.5 厘米、2.8 厘米、2.8 厘米，纸张方向为纵向。

> 　　随着软、硬件技术的不断发展，计算机的应用已经渗透到社会的各个领域，文字处理是计算机应用中一个很重要的方面。文字处理软件 Word 2016 中文版是办公自动化套件 Office 2016 中文版的重要组成部分。Office 2016 中文版是 Microsoft 公司最新推出的 Office 系列软件的最新汉化版本，它是基于 32 位操作系统 Windows 95、Windows 98 和 Windows NT 运行的办公自动化集成软件。当前 Office 系列软件已成为办公自动化软件的主流。
>
> 　　Office 2016 中文专业版包括文字处理软件 Word 2016、数据电子表格 Excel 2016、演示文稿制作软件 PowerPoint 2016、数据库软件 Access 2016、网页制作软件 FrontPage 2016、图形处理软件 PhotoDraw 2016 和信息管理软件 Outlook 2016。

【实训步骤】

（1）启动 Word 2016，新建文档，输入文字，保存为"office 2016 简介"，在"布局"选项卡"页面设置"组中单击"页边距"按钮。

（2）在弹出的下拉菜单中选择"自定义边距"命令，将显示"页面设置"对话框，如图 3-45 所示。选择"页边距"选项卡，设置上、下、左、右边距分别为 2.5 厘米、2.5 厘米、2.8 厘米、2.8 厘米，将应用范围设置为"整篇文档"。在"纸张方向"一栏中，选择"纵向"（默认选项）。

（3）切换到"纸张"选项卡，如图 3-46 所示，在"纸张大小"下拉列表中选择"16 开"。

图 3-45　"页面设置"对话框　　　　　　　图 3-46　纸张设置

（4）保存文档。

✉ **说明提示**

纸张大小和方向的设置也可以直接通过"页面设置"组中的"纸张方向"按钮和"纸张大小"按钮来完成；另外，单击"页面设置"组右下角的对话框启动按钮 □ 也可打开"页面设置"对话框。

🖥 **知识链接**

有时，将打印出的文档进行装订时会遮挡文字，为了避免这种情况，可以预留出装订线区域，也就是在要装订的文档左侧或顶部添加额外的空间。操作步骤如下：

步骤 1：在"页面设置"对话框中的"页边距"选项卡"页面范围"区域的"多页"下拉列表中，选择"普通"。

步骤 2：在上部"页边距"区域的"装订线位置"列表框中，选择"靠左"或"靠上"。

步骤 3：通过"装订线"列表框右面的微调按钮调整装订线边距的值，也可以直接输入装订线边距的值。

步骤 4：单击"确定"按钮即可完成装订线的设置。

【任务操作 7】 Word 2016 文档的打印。

页面设置完成后，就可以对文档进行打印预览和打印设置了。若要通过打印机打印文档，一要确保打印机已经连接到主机端口上，并已开启电源，且打印纸已装好；二要确保所用打印机的打印驱动程序已经安装好，且该打印机已经是系统默认的打印机。

"打印预览"用于预先查看文档的打印效果，进行打印预览/打印设置的操作方法如下：

步骤 1：单击"文件"按钮，在 Backstage 视图中选择"打印"选项卡，如图 3-47 所示。该窗口分为左右两部分：在左侧部分可以进行相关的打印设置，而右侧部分显示了文档的"打印预览"效果。

图 3-47 "打印"选项卡

步骤 2：通过左侧部分的"份数"微调按钮设置打印份数（默认为 1 份）。

步骤 3：单击"设置"项下面的"打印所有页"按钮，在弹出的下拉菜单中设置打印内容（打印所有页、打印当前页或者打印自定义范围），其中打印自定义范围需要输入指定的页码，页码之间用逗号分隔，也可用连字符表示页码的范围，比如在"页数"文本框中输入"1, 3, 5-12"，将打印文档的第 1 页、第 3 页以及第 5 页至第 12 页。

步骤 4：单击"页数"文本框下面的"单面打印"按钮，在弹出的菜单中选择"单面打印"或"双面打印"。

步骤 5：单击窗口左上方的"打印"按钮 即可打印。

项目 4　样式和模板

 项目分析

本项目要求掌握 Word 2016 的样式、模板的具体操作。

任务 4.1　样式

【任务目标】本任务要求学生掌握 Word 2016 样式的应用。

【任务操作】创建样式。

Word 提供了强大的样式功能，极大地方便了 Word 文档的排版操作。样式是指用有意义的名称保存的字符格式和段落格式的集合，这样在重复编排格式时，可以先创建一个该格式的样式，然后在需要的地方套用这种样式，而无须一次次地对它们进行重复的格式化操作；另外，使用样式便于改变所有应用了同一样式的字符和段落——如果需要对它们的格式进行变动，只需对它们的样式进行修改，而各个字符和段落格式的修改将由 Word 自动完成。

案例实训

【实训要求】打开"office 2016 简介.doc"，按要求进行操作。

（1）创建名为"我的标题"的新样式，其格式如下：

1）基准样式：正文样式。

2）字符格式：三号、楷体、加粗。

3）段落格式：段前和段后间距 0.5 行、两端对齐、单倍行间距、与下段同页。

将该样式应用于文档"office 2016 简介.doc"的标题"Office 2016 简介"。

（2）将设置完的文档另存为"office 2016 简介新样式.doc"。

【实训步骤】

（1）打开文档。

（2）选中正文，按案例要求设置字体和格式。

（3）单击"开始"选项卡"样式"组对应下拉按钮，在下拉列表中选择"将所选内容保存为新快速样式"，如图 3-48 所示。

（4）弹出"根据格式设置创建新样式"对话框，如图 3-49 所示，输入名称"我的标题"，单击"确定"按钮。

图 3-48　"样式"列表　　　　图 3-49　"根据格式设置创建新建样式"对话框

（5）一个新的段落样式便生成了，在图 3-50 中的列表中就出现了"我的标题"样式。

图 3-50　新建了"我的标题"样式的"样式"列表

（6）选择标题，单击"我的标题"样式，标题就应用了这个样式，另存文档。

💻知识链接

1. 修改样式

（1）在"样式"列表框中选中"我的标题"，右击，在快捷菜单中选择"修改"，弹出"修改样式"对话框，如图 3-51 所示。

（2）根据需要修改样式的格式。

2. 删除样式

在"样式"列表框中，右击要删除的样式，在快捷菜单中选择"从快捷样式库中删除"，即可删除该样式。

图 3-51 "修改样式"对话框

任务 4.2 模板

【任务操作】Word 2016 的模板。

样式为文档中不同的段落设置相同的格式提供了便利,而 Word 的模板主要为生成类似的最终文档提供样板,以提高工作效率。

案例实训

【实训要求】创建新模板。

【实训步骤】

(1)单击"文件"按钮,在 Backstage 视图中选择"新建"选项卡,在该窗口左侧列表框中单击"我的模板",弹出如图 3-52 所示的对话框。

图 3-52 "新建"对话框

(2)选择一种模板。如果要从一个空白模板和默认设置开始,就选择"空白文档"模板。

（3）选中"模板"单选按钮，单击"确定"按钮。此时文档标题栏中显示"模板1"，而不是"文档1"。

（4）对当前显示的内容按新模板的要求进行编辑，如插入文本、插入图形、页面设置、建立样式、建立宏和自动图文集词条等。

（5）单击"文件"按钮，在 Backstage 视图中选择"保存"选项卡，出现"另存为"对话框。

（6）选择用来保存模板的文件夹。所选定的文件夹决定了选择"文件"菜单中的"新建"命令时，在哪个选项卡中显示该模板。

（7）在"文件名"文本框中输入新模板名，模板的扩展名为 dotx。

（8）单击"保存"按钮。

📖**知识链接**

将现有文档保存为模板。创建模板最简单的方法是将一份文档作为模板来进行保存，该文档中的字符样式、段落样式、自动图文集词条、宏命令等元素也一同保存在该模板中了。如果要将现有文档保存为模板，可按照下述步骤进行：

（1）打开作为模板保存的文档。

（2）单击"文件"按钮，在 Backstage 视图中选择"另存为"选项卡，出现"另存为"对话框。

（3）从"保存类型"列表框中选择"Word 模板"，如图 3-53 所示。

图 3-53 选择保存类型

（4）选择用来保存模板的文件夹。

（5）在"文件名"文本框中输入模板的文件名。

（6）单击"保存"按钮。

项目 5 表格的运用

项目分析

本项目要求掌握 Word 2016 表格的创建和编辑。

任务 5.1 表格的创建与编辑

【任务目标】本任务要求学生掌握 Word 2016 表格的创建和编辑。

【任务操作 1】建立表格。

在编辑文档时，为了更直观、形象地说明某些数据，常常需要制作各种表格，因为表格简洁明了。例如，人们通常使用表格制作通讯录、课程表、成绩表等，既直观又美观。Word 2016 提供了强大的表格功能，可以快速制作出各种表格。

案例实训 1

【实训要求】

新建一个 Word 文档，制作表 3-2，保存为"学生成绩表.docx"。

表 3-2　学生成绩表

【实训步骤】

（1）将光标定位到要创建表格的位置。

（2）在"插入"选项卡的"表格"组中单击"表格"按钮，将显示如图 3-54 所示的"表格"下拉菜单。

图 3-54　"表格"下拉菜单

（3）在示意框中向右下拖曳鼠标指针直到所需的行数、列数为止（此处选择 7 行 5 列），然后释放鼠标左键。此时就可在插入点处建立一个空表。

（4）保存文档。

💻知识链接

除了用上述方法建立表格外，还可以使用以下两种方法：

方法1：单击"插入表格"命令。

将光标定位到插入表格的位置，在"插入"选项卡的"表格"组中单击"表格"按钮，将显示如图3-54所示的"表格"下拉菜单，单击"插入表格"命令，弹出如图3-55所示的"插入表格"对话框，输入列数和行数，单击"确定"按钮，即可插入表格。

图3-55　"插入表格"对话框

方法2：自由绘制表格。

使用Word的"绘制表格"功能，可以使用户如同手拿笔和橡皮一样在屏幕上方便自如地绘制复杂的表格。

要绘制表格，在图3-54所示的"表格"下拉菜单中单击"绘制表格"命令，这时将鼠标指针移到文档编辑区中会变成铅笔形状，然后用户就可以像用笔在纸上画表格一样随心所欲地绘制出所需要的表格。同时在功能区出现"表格工具"选项卡，如图3-56所示。

图3-56　"表格工具"选项卡

若用户对绘制的表格不满意，可用"绘图边框"组中的"擦除"按钮擦除一些表格线。方法是单击"擦除"按钮，此时鼠标指针在文档编辑区中变成一块橡皮，将橡皮移到需要删除的表格线上，按下鼠标并拖曳即可擦除该表格线。

此外，"表格工具"选项卡还集成了所有编辑表格属性的功能按钮，如线形、粗细、边框颜色、底纹颜色、自动套用格式样式等，用户可根据需要一一进行设置。

【任务操作2】表格的编辑。

案例实训 2

【实训要求】

在案例实训 1 的空表格中输入内容，见表 3-3。

表 3-3　输入内容的学生成绩表

姓名	语文	英语	高等数学	政治
张天成	69	75	78	80
王晓辉	70	81	90	84
陈程	84	82	90	88
李宜城	85	91	95	86
林飞	90	86	88	92
刘梦	91	100	96	92

【实训步骤】将光标定位到第一个单元格中单击，输入第一个单元格的内容，按 Tab 键，插入点会移到下一个单元格，按组合键 Shift+Tab 会使插入点移到上一个单元格，也可按方向键移动插入点，还可将鼠标指针直接指向所需的单元格后单击，光标就定位到单元格中，输入内容即可。

💻知识链接

1. 表格中文本内容的选定

在表格中，每一列的上边界和每一行或每一单元格的左边沿都有一个看不见的选择区域。常用选定表格内容的操作如下：

- 选定单元格：将鼠标指针指向单元格左边沿的选择区域，单击。
- 选定行：将鼠标指针指向表格左边沿的该行选择区，单击可选定此行。
- 选定列：将鼠标指针指向该列上边界的选择区域，单击。
- 选定表格：以选定行或列的方式垂直或水平拖动鼠标。
- 选定块：按住鼠标左键，把鼠标指针从欲选块的左上角单元格拖动到欲选块的右下角单元格即可。
- 选定整个表格：单击表格左上角的"选定符号"或单击表格任意位置，然后按组合键 Alt+5。

2. 调整表格的行高和列宽

- 利用标尺：将鼠标指针放在表格行或列边框线上，呈现双箭头形状，拖动表格边框线可改变行高和列宽。按 Alt 键的同时拖动表格边框线，在标尺上会显示行高和列宽值。
- 利用菜单：选中表格，右击，弹出快捷菜单，选择"表格属性"命令，弹出"表格属性"对话框，切换"行"和"列"选项卡，设置精确的行高和列宽值，如图 3-57 所示。

图 3-57　设置行高和列宽

案例实训 3

【实训要求】

将案例实训 2 中的表格进行进一步编辑，最终见表 3-4。

表 3-4　编辑后的学生成绩表

成　绩　一　览　表					
科目 姓名	语文	英语	高等数学	政治	平均分
张天成	69	75	78	80	75.50
王晓辉	70	81	90	84	81.25
陈程	84	82	90	88	86.00
李宜城	85	91	95	86	89.25
林飞	90	86	88	92	89.00
刘梦	91	100	96	92	94.75
各科平均分	81.50	85.83	89.50	87.00	

【实训步骤】

（1）将光标定位到第一行的任一单元格中，右击，在快捷菜单中选择"插入"→"在上方插入行"命令，如图 3-58 所示，在表格上方就插入了一个空行。

图 3-58　插入行或列命令

（2）以同样的方法将光标定位到最后一行的任一单元格中，右击，在快捷菜单中选择"插入"→"在下方插入行"命令，在表格下方就插入了一个空行。

（3）将光标定位到最后一列的任一单元格中，右击，在快捷菜单中选择"插入"→"在右侧插入列"命令，在表格右方插入了一个空列。

（4）选中第一行，右击，弹出快捷菜单，选择"合并单元格"命令，输入"成绩一览表"。

（5）在第二行的最后一个单元格内输入"平均分"。在最后一行的第一个单元格内输入"各科平均分"。

（6）选中第一行，右击该区域，在快捷菜单中选择"表格属性"命令，弹出"表格属性"对话框，如图 3-57 所示，切换到"表格"选项卡，单击对话框下方的"边框和底纹"按钮，打开"边框和底纹"对话框，切换到"底纹"选项卡进行设置，如图 3-59 所示。

图 3-59　设置底纹

（7）同步骤（6），设置表格最后一行的底纹。

（8）选中第二行，将第二行的下边框设置为双线：右击该区域，在快捷菜单中选择"表格属性"命令，单击对话框下方的"边框和底纹"按钮，打开"边框和底纹"对话框，切换到"边框"选项卡，在"线型"中选择"双线"，在"预览"中设置"下边框"，单击"确定"按钮即可。

（9）同步骤（8），设置第一列（除第一行外）的"右边框"为"双线"。

（10）调整第二行的行高，将光标定位到第二行第一个单元格的位置，在"插入"选项卡"表格"组中单击"表格"按钮，选择"绘制表格"命令，这时鼠标指针移到文档编辑区中会变成铅笔形状，然后在单元格中画一条对角线，输入文字，调整位置。

（11）将光标定位到第三行最后一个单元格中，计算平均分：功能区显示表格的"设计"选项卡和"布局"选项卡，切换到"布局"选项卡，如图 3-60 所示。单击"数据"组中的"公式"按钮，弹出"公式"对话框，如图 3-61 所示。在"粘贴函数"下拉列表中选择 AVERAGE，"公式"文本框中就会出现"=AVERAGE()"，在"()"中写入参数 LEFT，即将左侧单元格中的数值求平均值，在"编号格式"下拉列表中选择"0.00"，即保留两位小数，单击"确定"按钮即求出平均分。

图 3-60　"布局"选项卡

图 3-61　"公式"对话框

（12）以同样的方法求出其他单元格中的平均分，注意最后一行的"=AVERAGE()"公式的"()"中写入参数 ABOVE，即求上面单元格的平均分。

（13）设置不同单元格的字符格式、对齐方式，保存文档。

📖知识链接

（1）在表格中进行计算时，公式中写入的参数是对单元格的引用，除了案例中的方法外，还可以用 a1、a2、a3（分别表示第 1 行第 1 列、第 1 行第 2 列、第 1 行第 3 列）这样的形式引用表格中的单元格。其中的字母表示列，数字表示行。

整行和整列的引用可用字母或数字进行表示，如 1:1 表示表格的第 1 行，也可以引用包括特定单元格的区域，如 a1:a3 表示只引用一列中的 3 行。

（2）单元格的对齐方式有 9 种：在单元格中右击，弹出快捷菜单，选择"单元格对齐方式"命令，会出现 9 种方式，如图 3-62 所示。

图 3-62　单元格对齐方式

任务 5.2　文本与表格的相互转换

【任务目标】本任务要求学生掌握 Word 2016 表格与文本的相互转换。

【任务操作】表格和文本的相互转换。

案例实训

【实训要求】

打开"学生成绩表.docx",将表格转换成文本,然后再将文本转换成表格。

【实训步骤】

1. 表格转换成文本

打开"学生成绩表.docx",选定表格,功能区显示表格的"设计"选项卡和"布局"选项卡,切换到"布局"选项卡,单击"数据"组中"转换为文本"按钮,如图 3-63 所示,弹出"表格转换成文本"对话框,选择一种文本分隔符,单击"确定"按钮即可,如图 3-64所示。

图 3-63 "转换为文本"按钮   图 3-64 "表格转换成文本"对话框

2. 将文本转换成表格

（1）选定需要转换成表格的文本。

（2）在"插入"选项卡的"表格"组中单击"表格"按钮,在下拉菜单中选择"文本转换成表格"命令,如图 3-65 所示,弹出"将文字转换成表格"对话框,如图 3-66 所示,在该对话框中设定列数和文本的分隔符,单击"确定"按钮,则选定的文本被转换为表格形式。

图 3-65 "文本转换成表格"命令   图 3-66 "将文字转换成表格"对话框

项目 6　图片图形的应用及图文混排

项目分析

本项目介绍 Word 2016 中图片图形的应用方法，以及文本与图片如何更好地相互结合，使文档格式更加美观，内容更加丰富充实。

任务 6.1　图片图形文件的操作

Word 不仅有强大的文字处理功能，同时还可以插入各种形式的图片、艺术字等，创建出图文并茂、美观大方的文档，也可以插入页码、目录、公式等，增强了 Word 的各种处理功能。

插入的图片可以是 Word 程序附带的剪贴画和形状，也可以是计算机中其他文件中的图片。剪贴画是一种矢量图片，包括人物、动植物、建筑、科技等，精美而实用；但剪贴画毕竟数量和种类有限，用户则可以根据个人喜好选择自己文件中的图片，制作出来的文档更丰富多彩和个性化。

【任务目标】本任务要求学生掌握图片的插入、图片格式的设置和图形的绘制。

【任务操作1】插入图片的操作。

案例实训 1

【实训要求】

新建 Word 文档，输入边框内的文字，将正文平均分为 3 栏，在文档第 3 段后面插入任意一张图片，设置图片环绕方式：四周型；大小：120%。

世界上不同的国家，人们都以不同的方式在欢度新年，把对未来的向往、希望和一切美好的愿望都与新年紧密地联系在一起。

在中国，北方人家家户户吃饺子，为了讨吉利，北方人往往把硬币、糖、花生仁、枣子和栗子等和肉馅一起包进新年的饺子里。吃到硬币的人，象征新年发财；吃到糖的人表示来年日子更甜美；吃到花生仁的象征健康长寿等。南方是头几天淘米，名叫"万年粮米"，意思是年年有余粮。年糕也是汉族过新年的必备食物。做年糕的谷物有多种，各地做法不尽相同。长江一带的人民则吃汤圆。西南少数民族习惯吃糯米粑粑。在中国，过年的时候还有祭拜先祖，缅怀先烈这一习俗，特别是在潮汕以及闽南一带。这些活动以除旧布新、驱邪禳灾、拜神祭祖、纳福祈年为主要内容，形式丰富多彩，凝聚着中华传统文化精华。

在越南，橘子树被当作新年树。除夕夜晚人们通常都送给朋友们一些半开放的桃花枝；各个家庭都和朋友们一起坐在火炉旁讲故事，抚今追昔，叙旧迎新。在蒙古，严寒老人装扮得像古时牧羊人的模样，他穿着毛蓬蓬的皮外套，头戴一顶狐皮帽，手里拿着一根长鞭子，不时地把鞭子在空中抽得啪啪响。

在日本却是另一种情形。除夕午夜时分，全国城乡庙宇里的钟都要敲一百零八响，当然，在二十

世纪的今天，这钟声是通过广播电台来传送到全国每一个角落里的。按照习惯，随着最后一声钟响，人们就应该去睡觉，以便新年第一天拂晓起床，走上街头去迎接初升太阳的第一道霞光。谁要是睡过了这一时刻，谁就会在新的一年里不吉利。新年前夕，各家各户都要制作各式各样、五颜六色的风筝，以便新年节日里放。

缅甸的新年正好是一年中最热的季节。按照传统习惯，人们要互相泼水祝福，不论是亲戚、朋友，或者是素不相识的人，谁也不会因全身被泼得透湿而见怪。自古以来印度就保持着一种习俗：新年第一天谁也不许对人生气、发脾气。人们认为：新年的第一天过得和睦与否，关系到全年。

【实训步骤】

（1）新建文档，保存为"世界各国新年风俗.docx"。

（2）输入文字，设置字符和段落格式。

（3）将光标定位到第三段末尾，在"插入"选项卡"插图"组中单击"图片"命令，弹出"插入图片"对话框，如图 3-67 所示，选择图片所在的位置，选中之后，单击"插入"按钮即可。

图 3-67　"插入图片"对话框

（4）选中图片，在功能区出现"图片工具/格式"选项卡，单击"格式"，出现图片格式功能区，如图 3-68 所示，单击相应的按钮进行设置。或选中图片，右击，弹出"设置图片格式"面板，如图 3-69 所示，单击"排列"组"环绕方式"→"四周型"命令，切换到"大小"组，将"缩放"的高度和宽度设为"120%"。

图 3-68　图片格式功能区

图 3-69　"设置图片格式"面板

（5）保存文档。

📖知识链接

案例实训 1 中插入的图片来自文件，Word 提供了大量的图形，也称为剪贴画，可以在文档中插入这些图形。使用 Word 2016 中重新设计过的"剪贴库"可以轻松地查找、管理和插入特定的图形。插入剪贴画图形可按以下步骤进行：

（1）移动插入点到需要插入剪贴画或图片的位置。

（2）在"插入"选项卡"插图"组中选择"联机图片"命令，弹出"插入图片"对话框，在必应搜索中输入"剪贴画"，也可单击必应搜索，查找其他剪贴画，如图 3-70 所示。

图 3-70　"剪贴画"对话框

（3）选中某剪贴画，单击后插入。

【任务操作 2】绘制图形。

案例实训 2

【实训要求】

绘制自选图形——菱形，填充红色，无边框，加阴影 14；其中插入艺术字，样式 1，楷书，96 号，加粗；艺术字填充黑色，线条为金色。文本框无线条，无填充色。效果如图 3-71 所示。

图 3-71　自绘图形效果图

【实训步骤】

（1）新建文档，保存为"福字.docx"。

（2）在"插入"选项卡"插图"组中选择"形状"命令，出现如图 3-72 所示的下拉列表，在"基本形状"中单击"菱形"，鼠标指针变成十字状，在编辑区按住 Shift 键同时在文档编辑区拖动鼠标左键，菱形就绘制而成了。

图 3-72　"形状"列表

（3）选中"菱形"，功能区出现"绘图工具/格式"选项卡，如图 3-73 所示。在"形状样式"组中选择"形状填充"，设置填充颜色为"红色"，"形状轮廓"选择"无轮廓"；在"菱形"上右击，在快捷菜单中选择"设置形状格式"，弹出设置面板，如图 3-74 所示，在"透明度"后的文本框中输入"14%"。

图 3-73 "格式"选项卡

图 3-74 "设置形状格式"面板

（4）单击"插入"选项卡"文本"组的"文本框"按钮，在下拉列表中选择"绘制文本框"命令，此时鼠标指针变成十字形，在"菱形"上拖动鼠标，画出文本框；将光标定位到文本框，单击"文本"组"艺术字"按钮，在下拉列表中选择"样式1"，此时文本框显示"请在此放置您的文字"，如图 3-75 所示，输入"福"字，设置字体为"楷体"，字号为"96""加粗"。

图 3-75 编辑艺术字

（5）选中"福"字，在"绘图工具/格式"选项卡"艺术字样式"组中，单击"文本填充"按钮，选择"黑色"，单击"文本轮廓"按钮，选择"金色"。

（6）选中"文本框"，右击，弹出快捷菜单，选择"设置形状格式"命令，弹出"设置形状格式"面板，设置"填充"为"无填充"和"线条颜色"为"无线条"。

（7）调整"福"字在菱形中的位置，全部选中各个对象（按 Shift 键），右击，选择"组合"→"组合"命令，如图 3-76 所示，文本框和菱形就成为一体了。或者直接单击"组合"按钮。

图 3-76　"组合"命令

（8）保存文档。

💻知识链接

1. 叠放次序

每次在文档中创建或插入图形时，图形都被置于文字上方的、单独的、透明的层次上，这样文档就可能成为含有多个层的堆栈。通过改变堆栈中层的叠放次序可以指定某个图形位于其他图形的前面或后面。使用层可以改变图形和文字的相对位置。

如果要重新安排图形层的叠放次序，可按下列操作方法进行：

（1）选定要改变其层次的图形。

（2）单击"绘图工具/格式"选项卡，在"排列"组中单击"上移一层"按钮，弹出下拉菜单，如图 3-77 所示。或者单击"下移一层"按钮，弹出下拉菜单，如图 3-78 所示。

图 3-77　"上移一层"下拉菜单

图 3-78　"下移一层"下拉菜单

（3）选择菜单中的命令。

其中，菜单中命令的功能：

- 置于顶层：将所选图形移至顶层。
- 置于底层：将所选图形移至底层。
- 上移一层：将所选图形上移一层。
- 下移一层：将所选图形下移一层。
- 浮于文字的上方：将所选图形移至文字层上方。
- 衬于文字的下方：将所选图形移至文字层下方。

2. 翻转和旋转图形

为了能使用户随心所欲地放置图形，Word 允许用户以任意角度旋转图形或者垂直或水平翻转图形。使用"绘图工具/格式"选项卡"排列"组中的"旋转"按钮 ，可以特定的方式翻转或旋转图形。

　　如果要使用这些命令，可按以下操作进行：

　　（1）选定一个或多个要翻转或旋转的图形。

　　（2）单击"绘图工具/格式"选项卡"排列"组中的
"旋转"按钮，弹出下拉菜单，如图3-79所示。

向右旋转 90°(R)	
向左旋转 90°(L)	
垂直翻转(V)	
水平翻转(H)	
其他旋转选项(M)...	

　　（3）在下拉菜单中选择"垂直翻转"或"水平翻转"
命令翻转对象，或选择"向左旋转90°"或"向右旋转90°"
命令以90°为单位旋转对象。

图3-79　"旋转"下拉菜单

　　3．图形自由旋转

　　（1）选定图形。

　　（2）选中的图形的方向控制柄变成旋转点（即图形对象上的绿色圆圈），将鼠标指针指向旋转点，拖动鼠标根据需要进行任意角度的旋转。

　　（3）在对象外单击退出自由旋转模式。

　　4．在文本框之间创建链接

　　创建报纸、时事通讯或杂志样式的版式时，相互链接的文本框将为用户在控制文字出现位置和方式上提供很大的自由度。链接文本框时，所有文本框将彼此相连成链状。如果要链接两个文本框，可以按以下步骤操作：

　　（1）首先在文档中建立两个文本框。

　　（2）选定第一个文本框，单击"绘图工具/格式"选项卡"文本"组中的"创建链接"
按钮 ，鼠标指针变成一个直立的杯子形状。将鼠标指针指向要链接的文本框（该文本框必须为空）并单击，则两个文本框之间建立了链接。

　　（3）在第一个文本框中输入所需的文字。如果该文本框已满，超出的文字将自动转入下一个文本框。

任务 6.2　插入公式

　　【任务目标】本任务要求学生掌握如何插入数学公式。

　　【任务操作】插入公式。

　　在撰写和整理理工科方面的文档时，经常需要编辑各种公式。Word 2016 提供的公式编辑器能以直观的操作方法帮助用户编辑各种公式。

案例实训

　　【实训要求】

　　新建文档，插入公式 $X = \dfrac{1}{2T}\displaystyle\int_{-T}^{T} x^2(t)\mathrm{d}t$ 。

　　【实训步骤】

　　（1）新建文档，将光标定位到要插入公式的位置。

（2）在"插入"选项卡的"符号"组中单击"公式"按钮，将显示如图 3-80 所示的"公式"下拉菜单。

图 3-80 "公式"下拉菜单

（3）选择相应的公式选项，即可进行公式的插入和编辑；如果下拉菜单中没有所需公式类型，则应选择"插入新公式"命令，此时将在功能区显示"公式工具/设计"选项卡（图 3-81），并且在插入点显示"在此处键入公式"。

图 3-81 "公式工具/设计"选项卡

（4）在选项卡中选择相应的公式符号或模板进行编辑即可。

（5）保存文档。

任务 6.3 图文混排

【任务目标】本任务要求学生掌握图文混排。

【任务操作】图文混排。

案例实训

【实训要求】

（1）新建文档，输入文字，保存为"中国印.doc"。

（2）插入艺术字标题，标题文字为"北京奥运会会徽"，选择"渐变填充 蓝色 强调文字颜色 1"样式，并设字体为楷体，字号 36，加粗，对艺术字居中。

（3）设置正文文字格式为宋体、小四，首行缩进 2 字符，并对正文分偏右两栏，栏间距为 6 字符。

（4）在正文插入图片，高度与宽度为原来的 60%，环绕方式为"紧密型"。

（5）插入一个"竖排文本框"，内容为"更快、更高、更强"，文字设为宋体、四号、阳文，颜色为橙色；将文本框设为"无填充色"，线条颜色为深红色，线型为双实线，3 磅；文本框左右内部边距设为 0，环绕方式为"四周型"，将文本框移至两栏之间。

（6）插入一个"横卷形"自选图形；添加文字"中国印·舞动的北京"，字体为楷体，加粗，小三号；图形填充色为茶色，环绕方式为"紧密型"，调至合适位置。图文混排效果如图 3-82 所示。

图 3-82　图文混排效果图

【实训步骤】

（1）新建文档，输入文字，保存为"中国印.docx"。

（2）在"插入"选项卡的"文本"组中单击"艺术字"按钮，将显示如图 3-83 所示的艺术字填充和颜色样式下拉列表，选择"渐变填充 蓝色 强调文字颜色 1"样式。输入文字"北京奥运会会徽"，设置字体为楷体、36 号，加粗。选中艺术字，单击"居中"按钮。

图 3-83　艺术字填充和颜色
样式下拉列表

（3）选中正文，设置字体格式：宋体、小四。段落格式：首行缩进 2 个字符。分栏：偏右两栏，栏间距 6 字符。

（4）将光标定位到正文任一地方，插入图片，选中图片，设置图片格式：高度、宽度设为 60%，环绕方式设为"紧密型"。

（5）单击"绘图工具/格式"选项卡"文本"组中的"文本框"按钮，在下拉菜单中选择"绘制竖排文本框"，输入文字"更快、更高、更强"，设置字体为宋体、四号、阳文，颜色为橙色。设置文本框格式：选中"文本框"，右击，弹出快捷菜单，选择"设置形状格式"，弹出"设置形状格式"面板，设置"填充"为"无填充"，"线条颜色"为"深红色"，"宽度"为 3 磅，"复合类型"为双实线。"文本框"设置内边距左右为 0。

（6）选中文本框，右击，选择"其他布局选项"命令，弹出"布局"对话框，如图3-84 所示，切换到"文字环绕"选项卡，选择"紧密型"。

图 3-84 "布局"对话框

（7）在"插入"选项卡"插图"组中选择"形状"命令，在下拉列表中选择"星与旗帜"中的"横卷形"，鼠标指针变成十字状，在相应位置拖动鼠标画出形状。在图形上右击，选择"添加文字"命令，输入"中国印·舞动的北京"，设置字体格式：楷体，加粗，小三号。选中图形，设置图形格式：在"绘图工具/格式"选项卡"形状样式"组中单击"形状填充"按钮，选择橙色；右击图形，选择"其他布局选项"命令，弹出"布局"对话框，如图 3-84 所示，切换到"文字环绕"选项卡，选择"紧密型"，调整位置。

（8）保存文档。

 任务拓展

扫一扫二维码，查看 Word 2016 的其他功能。

Word 2016 的其他功能

扫一扫二维码，查看模块实训任务。

模块实训

扫一扫二维码，查看课后习题。

课后习题

回顾本模块的学习过程，将你获得的知识、技能、感悟等，以文字或思维导图的形式总结记录下来。

老师评价：

同学评价：

模块四　表格处理软件 Excel 2016

思政园地

> 假舆马者，非利足也，而致千里；假舟楫者，非能水也，而绝江河。君子生非异也，善假于物也。
>
> ——《荀子·劝学》

译文　借助车马的人，并不是脚走得快，却可以行千里，借助舟船的人，并不是能游水，却可以横渡江河。君子的本性跟一般人没什么不同，只是君子善于借助外物罢了。

项目 1　Excel 2016 基础知识与操作

 项目分析

本项目要求了解 Excel 2016 的基础知识，掌握 Excel 2016 的基本操作，包括工作簿的新建、打开和保存，工作表的创建、编辑与打印等。

任务 1.1　Excel 2016 的应用

【任务目标】本任务要求学生了解 Excel 2016 的主要用途。

Excel 2016 主要用于电子表格处理，可以高效地完成各种表格和图表的设计，进行复杂的数据计算和分析，广泛应用于财务、行政、经济、统计、金融、审计等多个领域，大大提高了数据处理的效率。

总体来说，Excel 2016 主要有以下几方面的用途：

（1）数据记录与整理。Excel 2016 最基本的功能便是记录和整理数据，从而制作出各式各样的表格，如员工信息表、员工考勤记录表、学生成绩统计表、办公费用收支表、通讯录、销售记录表以及生产记录表等。

（2）数据计算。Excel 2016 提供了众多功能强大的公式和函数用来对表格中的数据进行复杂的计算，极大地提高了工作效率，如计算企业每位员工每月的实发工资，统计学校各班每位同学的总成绩和名次等。

（3）数据图表化。在 Excel 2016 中还可以利用电子表格中的数据快速创建各种类型的图表，通过图表可以直观形象地反映工作表中各项数据之间的关系，对数据信息进行比较和分析。

（4）数据管理与分析。利用 Excel 2016 提供的排序、筛选、分类汇总、数据透视表、切片器等功能可以灵活地进行数据处理与分析，对于有大量数据的企业来说，既可以利用 Excel 2016 管理数据，也可以利用其数据分析的结果来进行决策。

任务 1.2　Excel 2016 的工作界面

【任务目标】本任务要求学生了解 Excel 2016 工作界面的组成以及各部分的构成和作用。

Excel 2016 的工作界面如图 4-1 所示，主要由以下几部分组成。

（1）标题栏：位于窗口最上方，用于显示当前被编辑的工作簿名称。图 4-1 中显示的工作簿名称是"工作簿 1"。

（2）选项卡：位于标题栏下方，给出了包含各类操作命令的 9 个选项卡。

（3）功能区：功能区中的每个小按钮都对应一种操作。例如，单击"复制"按钮，便可复制所选内容，并将其放入剪贴板；单击"粘贴"按钮，则粘贴剪贴板上的内容。

图 4-1　Excel 2016 工作界面

（4）名称框：用于显示当前单元格的位置，也可以在此处输入单元格的标识进行单元格的定位。

（5）编辑栏：用于输入或编辑当前单元格中的数据和公式。

（6）行号、列标：用于定位单元格。一个工作表共有 1048576 行、16384 列。行号用数字 1，2，3，…，1048576 来表示，列标用英文字母 A，B，C，…，Z，AA，AB，…，XFD 来表示。例如，A3 代表 A 列第 3 行所在的单元格；A1:C5 表示从 A1 单元格到 C5 单元格之间的矩形单元格区域。

（7）工作表区：位于窗口中间，由单元格组成，用来记录数据的区域。

（8）状态栏：位于窗口最下方，用于显示当前所编辑工作表的主要属性及信息。

（9）工作表标签：用于显示工作表的名称，单击工作表标签将激活相应的工作表。当前工作表以白底显示，其他工作表以灰底显示。一个工作簿里默认有 3 个工作表，分别是 Sheet1、Sheet2 和 Sheet3，显示在工作表标签中。在实际操作中，可以根据需要添加更多的工作表，也可以修改它们的名称。

（10）水平、垂直滚动条：用来在水平、垂直方向改变工作表的可见区域。

任务 1.3　Excel 2016 的重要概念

【任务目标】本任务要求学生了解 Excel 2016 中的一些常用术语和重要概念。

（1）工作簿。工作簿是存储 Excel 数据的文件，其默认扩展名是 xlsx，其中可以包含一个或多个工作表。启动 Excel 2016 时，会自动创建并打开一个名为"工作簿 1"的空白工作簿。

（2）工作表。工作表是工作簿的重要组成部分，包含按行和列排列的单元格，也称电子表格。若工作簿是一本账簿，则一张工作表就像账簿中的一页。工作表可以容纳字符、数字、公式、图表等多种类型的信息。

（3）单元格。单元格是组成工作表的基本单位。在 Excel 中数据的操作都是在单元格中完成的。单元格在工作表中按行和列组织，每一列的列标由 A、B、C 等字母表示，每一行的行号由 1、2、3 等数字表示。由"列标行号"形式表示单元格名称，也叫单元格地址，如 A1、D3 等。

（4）工作簿、工作表及单元格的关系。在 Excel 2016 中工作簿包含工作表，工作表又包含单元格。在默认情况下，一个新建的工作簿包含 3 张工作表，用户可以在其中添加更多的工作表，一个工作簿可容纳的工作表数量取决于 Excel 2016 可以使用的内存大小，32 位的 Excel 2016 可以使用 2GB 内存。

Excel 2016 中一个工作表能容纳的单元格的数量相对于 Excel 2003 来说有了巨大提升。在 Excel 2016 中一个工作表的大小为 16384 列×1048576 行，超出该范围的数据将会丢失。

任务 1.4　工作簿的基本操作

【任务目标】本任务要求学生掌握工作簿的新建、打开以及保存等常用操作。

【任务操作 1】新建工作簿。

在 Excel 2016 中，既可以新建空白工作簿，也可以利用 Excel 2016 提供的模板来新建工作簿。

1. 新建空白工作簿

空白工作簿就是其工作表中没有任何数据资料的工作簿。

单击"文件"菜单命令，在左侧命令列表中选择"新建"命令，在中间的"特色"窗格中单击"空白工作簿"，如图 4-2 所示。上述操作将会创建一个新的空白工作簿。

图 4-2　新建空白工作簿

2. 根据模板新建工作簿

用户可以使用 Excel 2016 提供的模板创建各种用途的工作簿。例如，季节性照片日历、基本个人预算、学年日历等，这些工作簿包含了特定的格式和内容，用户只需稍加编辑即可快速创建一张工作簿，非常方便。

根据模板新建工作簿时，只需在图 4-3 中间的"特色"窗格中选择需要的模板，如图 4-3 所示，最后，直接单击该模板即可。

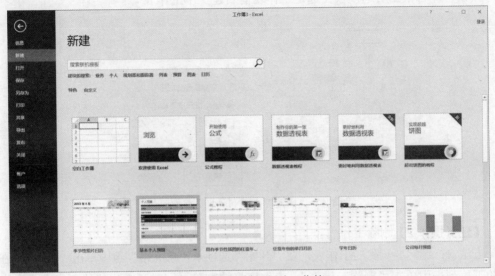

图 4-3　根据模板新建工作簿

【任务操作 2】打开已有的工作簿。

在 Excel 2016 中，单击"文件"→"打开"命令，或者按 Ctrl+O 组合键，都将出现"打开"对话框，从中选择要打开的文件路径再选择文件后，单击"打开"按钮就可以了。

【任务操作 3】保存工作簿。

（1）第一次新建的工作簿存盘时，可以单击"文件"→"保存"命令，或者单击快速访问工具栏中的"保存"按钮，或者按 Ctrl+S 组合键，系统将打开"另存为"对话框。在"另存为"对话框左侧选择合适的保存路径，然后在"文件名"文本框内输入工作簿名称，单击"保存"按钮。这样，就完成了保存当前工作簿的操作。

（2）若编辑一个已存在的文件，可直接按上述方法使用"保存"命令，将按原文件名保存在默认的位置。若想保存到其他的文件夹或以其他的文件名存盘，可单击"文件"→"另存为"，系统将打开"另存为"对话框，让用户为其重新命名。

🖳知识链接

启动 Excel 2016 后，系统会自动新建一个空白的 Excel 文件，默认名称为工作簿 1（当再次新建时，其默认的文件名为工作簿 2、工作簿 3……），扩展名为 xlsx。

任务 1.5　创建与编辑工作表

【任务目标】本任务要求学生掌握创建与编辑工作表的常用操作，如增加、删除、重命名、移动、复制、隐藏和保护工作表等。

【任务操作 1】增加工作表。

新建一个工作簿后，系统默认有 3 个工作表，若想再增加工作表，操作步骤如下：

选定当前工作表，将鼠标指针指向该工作表标签，右击，在弹出的快捷菜单中选择"插入"命令，将弹出"插入"对话框，如图 4-4 所示。在其中选择需要的模板后，单击"确定"按钮，即可根据所选模板在选定工作表前新建一个工作表。

图 4-4   "插入"命令和"插入"对话框

【任务操作 2】删除工作表。

方法 1：选定要删除的工作表，在"开始"选项卡"单元格"组中单击"删除"，在出现的下拉列表中单击"删除工作表"，工作表将被删除，同时和它相邻的工作表成为当前工作表。

方法 2：在要删除的工作表的标签上右击，在弹出的快捷菜单中选择"删除"命令也可删除工作表。

【任务操作 3】重命名工作表。

方法 1：双击要更改名称的工作表标签。这时可以看到工作表标签以高亮度显示，即处于编辑状态，在其中输入新的名称并按 Enter 键即可，如图 4-5 所示。

图 4-5   重命名工作表

方法 2：在要重命名的工作表标签上右击，在弹出的快捷菜单中选择"重命名"命令，这时可以看到工作表标签以高亮度显示，在其中输入新的名称并按 Enter 键即可。

方法 3：单击"开始"选项卡"单元格"组中的"格式"，在出现的下拉列表中单击"重命名工作表"，此时选定的工作表标签呈高亮度显示，在其中输入新的工作表名称并按 Enter 键即可。

【任务操作 4】移动和复制工作表。

工作表可以在工作簿内或工作簿之间进行移动和复制。

方法 1：采用鼠标拖动法移动、复制工作表。操作步骤如下：

（1）选择要移动或复制的工作表标签。

（2）若要移动，拖动所选标签到所需位置；若要复制，则在按住 Ctrl 键的同时，拖动所选标签到所需位置。拖动时，会出现一个黑三角符号来表示移动的位置。

方法 2：采用菜单法移动、复制工作表。操作步骤如下：

（1）选择要移动或复制的工作表标签。

（2）右击要移动或复制的工作表标签，在快捷菜单中选择"移动或复制"命令，打开"移动或复制工作表"对话框，如图 4-6 所示。

图 4-6　"移动或复制工作表"对话框

（3）在"工作簿"下拉列表中可以将所选工作表移动或复制到已打开的其他工作簿中；在"下列选定工作表之前"列表框中，可以选择要移动或复制到的新位置。

（4）勾选"建立副本"复选框为复制操作，否则为移动操作。

（5）单击"确定"按钮，完成操作。

【任务操作 5】隐藏或显示工作表。

1．隐藏工作表

在 Excel 中，可以有选择地隐藏工作簿的一个或多个工作表，一旦工作表被隐藏，其内容将无法显示，除非撤消对该工作表的隐藏设置。隐藏工作表的操作步骤如下：

（1）选定需要隐藏的工作表。

（2）右击，在快捷菜单中选择"隐藏"命令即可。

2．显示工作表

显示工作表的操作步骤如下：

（1）在任一工作表标签处右击，在快捷菜单中选择"取消隐藏"命令，将弹出"取消隐藏"对话框。

（2）选择要取消隐藏的工作表，再单击"确定"按钮即可。

【任务操作 6】保护工作表。

保护工作表功能可以对工作表上的各元素（如含有公式的单元格）进行保护，以禁止所有用户访问，也可允许个别用户对指定的区域进行访问。

保护工作表的操作步骤如下：

（1）右击要保护的工作表标签，在快捷菜单中选择"保护工作表"命令，将弹出"保护工作表"对话框，如图 4-7 所示。

图 4-7 "保护工作表"对话框

（2）在"保护工作表"对话框的"允许此工作表的所有用户进行"列表框中，勾选相应的复选框。

（3）为了更好地保护工作表，可以在"保护工作表"对话框中的"取消工作表保护时使用的密码"文本框中输入设置的密码。这样只有知道密码才能取消工作表的保护，真正起到保护的作用。

（4）单击"确定"按钮，在随后打开的"确认密码"对话框中重新输入密码，如图 4-8 所示，单击"确定"按钮，这样就完成了对工作表的保护。

图 4-8 "确认密码"对话框

如果想撤消对工作表的保护，右击要撤消保护的工作表标签，在快捷菜单中选择"撤消工作表保护"命令，弹出"撤消工作表保护"对话框，输入原密码，单击"确定"按钮，即取消对工作表的保护。

任务 1.6 打印工作表

【任务目标】本任务要求学生掌握如何实现工作表的规范打印。

【任务操作 1】打印选定区域。

打印时，如果仅需要打印工作表中的部分内容，操作方法如下：选定要打印的区域，然后单击"文件"→"打印"→"设置"→"打印选定区域"即可。

如果想取消工作表中的全部打印区域，单击"文件"→"打印"→"忽略打印区域"即可。

【任务操作 2】页面设置。

单击"文件"→"打印"→"页面设置"，可打开"页面设置"对话框，如图 4-9 所示，其中包括 4 个选项卡。

图 4-9　"页面设置"对话框

- "页面"选项卡：可以设置页面打印方向和页面的大小。
- "页边距"选项卡：可以设置正文和页面边缘之间及页眉、页脚和页面边缘之间的距离。
- "页眉/页脚"选项卡：既可以添加系统默认的页眉和页脚，也可以添加用户自定义的页眉和页脚。
- "工作表"选项卡：可以选择打印区域、打印内容的行标题和列标题、打印的内容及打印顺序等。其中对大型数据清单而言，打印标题是一个非常有用的选项，选定了作为标题的行或列后，若打印出的数据清单有几页，则所有页中都将有标题行和标题列的内容。

【任务操作 3】打印。

用户对打印预览中显示的效果满意后就可进行打印输出了，此时只需单击左上角的"打印"按钮，如图 4-10 所示。

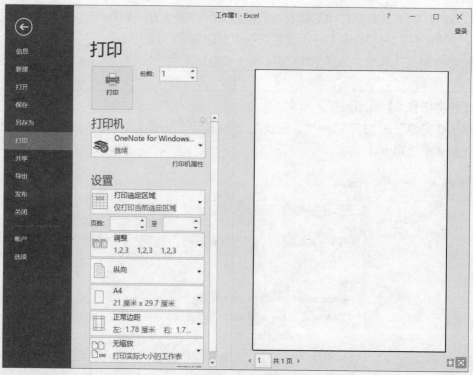

图 4-10　打印操作

案例实训

【实训要求】

在 D:盘下新建一个名为"销售信息表"的工作簿，在工作簿中创建 4 张工作表，名称分别为"一季度""二季度""三季度"和"四季度"。并对"一季度"工作表进行保护，密码为"1234"。

【实训步骤】

（1）启动 Excel 2016：单击"开始"→"程序"→Microsoft Office→Microsoft Office Excel 2016。

（2）插入工作表：将鼠标指针指向 Sheet1 工作表标签并右击，在弹出的快捷菜单中选择"插入"命令，将弹出"插入"对话框，在其中选择"工作表"后，单击"确定"按钮，即在 Sheet1 的前面插入了一张新的工作表 Sheet4，如图 4-11 所示。

图 4-11　插入 Sheet4 工作表

（3）重命名工作表：右击 Sheet4，在快捷菜单中选择"重命名"命令，在 Sheet4 标签名处输入"一季度"。采用同样的方法，将 Sheet1、Sheet2 和 Sheet3 分别改名为"二季度""三季度"和"四季度"，如图 4-12 所示。

图 4-12 重命名工作表

（4）设置密码保护：选中"一季度"工作表，在菜单栏中选择"审阅"选项卡"保护"组中的"保护工作表"，在弹出的"保护工作表"对话框的"取消工作表保护时使用的密码"文本框中输入"1234"，单击"确定"按钮，在随后打开的"确认密码"对话框中重新输入密码"1234"，单击"确定"按钮，即完成了对工作表的保护。

（5）保存工作簿：单击"文件"→"保存"，弹出"保存"对话框，选择保存位置为"本地磁盘(D:)"，"文件名"文本框输入"销售信息表"，单击"确定"按钮。

（6）退出 Excel 2016：单击工作簿右上角的⊠按钮。

项目 2 工作表的输入与格式化

 项目分析

本项目要求掌握向 Excel 2016 工作表中录入各种类型数据的方法以及对工作表进行格式化的各种操作。

任务 2.1 在工作表中录入数据

【任务目标】本任务要求学生掌握在工作表中录入各种类型数据的方法。

【任务操作 1】字符型数据的输入。

（1）新建一张工作表。

（2）单击 A1 单元格，在其中输入"工号"。也可在编辑栏中输入。

（3）按 Enter 键结束输入。也可按 Tab 键或单击其他单元格结束输入。

（4）在 B1:G1 单元格区域内输入表 4-1 中列标题内容，如图 4-13 所示。

表 4-1 员工基本信息表

工号	姓名	年龄	籍贯	部门	工作时间	工资
1001	陈明华	29	北京市	销售部	2011/9/10	￥2,300.00
1002	张雪	28	天津市	销售部	2008/6/12	￥2,601.30
1003	孙才	26	北京市	销售部	2009/12/1	￥2,400.50
1004	李明	23	北京市	销售部	2011/9/10	￥2,020.00
1005	吴楠	27	天津市	技术部	2010/9/12	￥3,140.00
1006	米小米	25	北京市	技术部	2009/8/15	￥3,602.00
1007	王亮	32	天津市	技术部	2009/9/10	￥3,701.50
1008	赵一航	23	北京市	技术部	2012/7/13	￥3,206.80

	A	B	C	D	E	F	G
1	工号	姓名	年龄	籍贯	部门	工作时间	工资
2							
3							

图4-13　字符数据的输入

✉说明提示

若一个单元格中输入的文本过长，Excel 2016 允许其覆盖右边相邻的无数据的单元格；若相邻的单元格中有数据，则过长的文本将被截断，选定该单元格，在编辑栏中可以看到该单元格中输入的全部内容。如果要在一个单元格中输入多行数据，则在单元格输入了第一行数据后，按 Alt+Enter 组合键，就可以在单元格内换行。

【任务操作2】数值型数据的输入。

（1）单击 C2 单元格，在其中输入"29"。继续在 C3:C9 单元格区域内输入表 4-1 中"年龄"列的内容。

（2）若单元格中数据前有诸如人民币符号、美元符号等，用户可以预先进行设置，以使 Excel 能够自动添加相应的符号。

（3）选择要设置货币格式的单元格区域 G2:G9，在"开始"选项卡"单元格"组中单击"格式"，在出现的列表中单击"设置单元格格式"，打开"设置单元格格式"对话框，如图 4-14 所示。选择"数字"选项卡，在"分类"中选择"货币"，在"小数位数"后填 2，在"货币符号（国家/地区）"下拉列表中选择"¥"，单击"确定"按钮。

图4-14　"设置单元格格式"对话框

（4）在 G2:G9 区域单元格中输入表 4-1 中"工资"列的数字，数字前面会自动添加符号"¥"，如图 4-15 所示。

	A	B	C	D	E	F	G
1	工号	姓名	年龄	籍贯	部门	工作时间	工资
2			29				¥2,300.00
3			28				¥2,601.30
4			26				¥2,400.50
5			23				¥2,020.00
6			27				¥3,140.00
7			25				¥3,602.00
8			32				¥3,701.50
9			23				¥3,206.80

图 4-15　数值型数据的输入

【任务操作 3】数字文本的输入。

对于学号、电话号码、邮政编码等由数字组成的文本，输入时应先输入单引号，再输入数字，以区分是"数字字符串"而非"数字"数据。Excel 2016 会自动在该单元格左上角加上绿色三角标记，说明该单元格中的数据为文本。

单击 A2 单元格，在其中输入工号"'1001"，如图 4-16 所示。

	A	B	C	D	E	F	G
1	工号	姓名	年龄	籍贯	部门	工作时间	工资
2	1001		29				¥2,300.00
3			28				¥2,601.30
4			26				¥2,400.50
5			23				¥2,020.00
6			27				¥3,140.00
7			25				¥3,602.00
8			32				¥3,701.50
9			23				¥3,206.80

图 4-16　数字文本的输入

【任务操作 4】日期和时间的输入。

在 Excel 2016 中，当在单元格中输入系统可识别的时间和日期型数据时，单元格的格式就会自动转换为相应的"时间"或者"日期"格式，而不需要专门设置。单元格中日期和时间对齐方式默认为右对齐。如果系统不能识别输入的日期或时间格式，则输入的内容将被视为文本（此时在单元格中左对齐）。当输入日期时，应使用"/"或"-"作为年、月、日的分隔符号，如输入"2011/9/10"，表示 2011 年 9 月 10 日。当输入时间时，应使用":"来分隔时、分、秒，如输入"20:32:30"。当同时需要输入日期和时间时，它们之间需用空格分开，如"2011/9/10　20:32:30"。

在输入时间时，如果按 12 小时制输入，需在时间后空一格，再输入字母 a 或 p，分别表示上午或下午。如果只输入时间数字，Excel 将按上午处理。例如，输入 10:40 p，按 Enter键后的结果是 22:40:00。

如果要输入当前的系统日期，按"Ctrl+;（分号）"组合键；如果要输入当前的系统时间，按"Ctrl + Shift +;（分号）"组合键即可。

本任务中输入"工作时间"列的数据。单击 F2 单元格，输入"2011/9/10"，按 Enter键结束。用同样的方法，输入其他员工的工作时间，如图 4-17 所示。

	A	B	C	D	E	F	G
1	工号	姓名	年龄	籍贯	部门	工作时间	工资
2	1001		29			2011/9/10	¥2,300.00
3			28			2008/6/12	¥2,601.30
4			26			2009/12/1	¥2,400.50
5			23			2011/9/10	¥2,020.00
6			27			2010/9/12	¥3,140.00
7			25			2009/8/15	¥3,602.00
8			32			2009/9/10	¥3,701.50
9			23			2012/7/13	¥3,206.80

图 4-17　输入"工作时间"列的值

【任务操作 5】数据的自动填充。

1. 重复数据的快速填充

本任务中，员工信息表"部门"列的数据多为重复数据"销售部"和"技术部"。输入时，首先在 E2 单元格中输入"销售部"，然后按 Enter 键，将鼠标指针放在 E2 单元格右下角的小方块标志（称为填充柄）上，当光标变为"＋"字形时，按住鼠标左键不放，拖动鼠标到 E5 单元格时松开，则 E2:E5 之间的单元格就填充了相同的数据"销售部"，如图 4-18 所示。

	A	B	C	D	E
1	工号	姓名	年龄	籍贯	部门
2	1001		29		销售部
3			28		
4			26		
5			23		
6			27		
7			25		
8			32		
9			23		

	A	B	C	D	E
1	工号	姓名	年龄	籍贯	部门
2	1001		29		销售部
3			28		销售部
4			26		销售部
5			23		销售部
6			27		
7			25		
8			32		
9			23		

图 4-18　填充重复数据

采用同样的方法填充 E6:E9 单元格区域中的内容为"技术部"。

不仅可以向下拖动得到相同的一列数据，向右拖动填充也可以得到相同的一行数据。如果选择的是多行多列，同时向右或者向下拖动，则会同时得到多行多列的相同数据。

2. 有序数字自动填充

有序数字的自动填充方法与重复数据相同。Excel 2016 会自动判断要重复填充的数据是否为能递增的数据。若是，则将以步长为 1 的等差序列规律来填充所选单元格区域。本任务中，员工信息表"工号"列的数据是一个有序序列。输入时，将鼠标指针放在 A2 单元格右下角的填充柄上，当光标变为"＋"字形时，按住鼠标左键并拖动到 A9 单元格时松开，则拖动时经过的单元格均被填充了有序数据，如图 4-19 所示。如果不需要递增只是重复填充，可在拖动鼠标的同时按住 Ctrl 键。

	A	B	C	D	E	F	G
1	工号	姓名	年龄	籍贯	部门	工作时间	工资
2	1001		29		销售部	2011/9/10	¥2,300.00
3	1002		28		销售部	2008/6/12	¥2,601.30
4	1003		26		销售部	2009/12/1	¥2,400.50
5	1004		23		销售部	2011/9/10	¥2,020.00
6	1005		27		技术部	2010/9/12	¥3,140.00
7	1006		25		技术部	2009/8/15	¥3,602.00
8	1007		32		技术部	2009/9/10	¥3,701.50
9	1008		23		技术部	2012/7/13	¥3,206.80

图 4-19　"工号"列数据自动填充

✉说明提示

除了数字外，像日期、时间、星期、月份、季度、包含数字的文本序列等有规律的数据，都可以使用自动填充使数据的输入快捷、方便。

3．创建自定义填充序列

在 Excel 2016 中还可以自定义填充序列，方便用户快速地输入一些没有规律而需要经常输入的数据。例如，员工"姓名"列的数据在工作簿的多张工作表中都要出现，因此，可以将员工姓名名单自定义为一个序列，实现多次自动填充。具体操作步骤如下：

（1）单击"文件"→"选项"，弹出"Excel 选项"对话框，如图 4-20 所示。

图 4-20　"Excel 选项"对话框

（2）在左侧选中"高级"，将右侧滚动条向下滚动，找到"编辑自定义列表"按钮并单击，弹出"自定义序列"对话框，如图 4-21 所示。

（3）在"自定义序列"对话框"输入序列"列表框中输入要定义的序列"陈明华 张雪 孙才 李明 吴楠 米小米 王亮 赵一航"后，单击"添加"按钮，将其添加到左侧的"自定义序列"列表框中。单击"确定"按钮，退出对话框。

（4）单击 B2 单元格输入"陈明华"后按 Enter 键，将鼠标指针放在 B2 单元格右下角的填充柄上，当光标变为"＋"字形时，按住鼠标左键并拖动到 B9 单元格时松开，则拖动时经过的单元格中填充了自定义序列中的员工姓名，如图 4-22 所示。

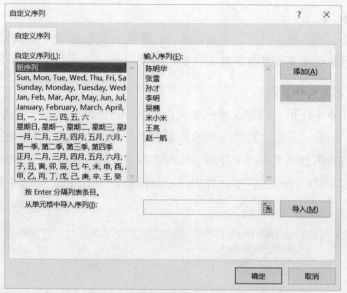

图 4-21　"自定义序列"对话框

	A	B	C	D	E	F	G
1	工号	姓名	年龄	籍贯	部门	工作时间	工资
2	1001	陈明华	29		销售部	2011/9/10	¥2,300.00
3	1002	张雪	28		销售部	2008/6/12	¥2,601.30
4	1003	孙才	26		销售部	2009/12/1	¥2,400.50
5	1004	李明	23		销售部	2011/9/10	¥2,020.00
6	1005	吴楠	27		技术部	2010/9/12	¥3,140.00
7	1006	米小米	25		技术部	2009/8/15	¥3,602.00
8	1007	王亮	32		技术部	2009/9/10	¥3,701.50
9	1008	赵一航	23		技术部	2012/7/13	¥3,206.80

图 4-22　自定义序列的填充

【任务操作6】为选中单元格区域输入相同的数据。

在 Excel 2016 中，可以为选中的一块单元格区域（可以是连续的区域，也可以是不连续区域）录入相同的数据。

本任务中，"籍贯"列的数据多为相同数据，可采用此方法。按住 Ctrl 键，同时单击"D2""D4""D5""D7""D9"这 5 个单元格，输入"北京市"，然后按住 Ctrl 键的同时按 Enter 键，即可实现在这 5 个单元格中同时输入"北京市"，如图 4-23 所示。采用同样的方法，在"D3""D6""D8" 3 个单元格中输入"天津市"。

	A	B	C	D	E	F	G
1	工号	姓名	年龄	籍贯	部门	工作时间	工资
2	1001	陈明华	29	北京市	销售部	2011/9/10	¥2,300.00
3	1002	张雪	28		销售部	2008/6/12	¥2,601.30
4	1003	孙才	26	北京市	销售部	2009/12/1	¥2,400.50
5	1004	李明	23	北京市	销售部	2011/9/10	¥2,020.00
6	1005	吴楠	27		技术部	2010/9/12	¥3,140.00
7	1006	米小米	25	北京市	技术部	2009/8/15	¥3,602.00
8	1007	王亮	32		技术部	2009/9/10	¥3,701.50
9	1008	赵一航	23	北京市	技术部	2012/7/13	¥3,206.80

图 4-23　为选中单元格区域输入相同的数据

任务 2.2　单元格的基本操作

【任务目标】本任务要求学生掌握单元格的选定、复制、移动、插入、删除、合并以及添加批注等常用操作。

【任务操作 1】单元格的选定。

1. 利用鼠标选择单元格

（1）选择连续的单元格的方法：将鼠标指针置于第一个单元格上，按住鼠标左键不放，拖动鼠标选择的其余单元格，然后松开；或者单击第一个单元格，在按住 Shift 键的同时单击最后一个单元格，即可选中二者之间的所有单元格。

（2）选择不连续的单元格的方法：按住 Ctrl 键的同时，单击要选择的单元格。

（3）要选取整列，只要将鼠标指针移到该列的列标处，当鼠标指针变成向下的箭头形状时，单击就可以选取该列，单击并按住鼠标左键左右拖动就可以选取多列。同样，要选取整行，只要将鼠标指针移到该行的行号处，当鼠标指针变成向右的箭头形状时，单击就可以选取该行，单击并按住鼠标左键上下拖动就可以选取多行，如图 4-24 所示。

（4）单击表格行与列的交界处，可以选中整个工作表，如图 4-25 所示。

图 4-24　选中多行

图 4-25　选中整个工作表

2. 利用"名称框"选择

将光标定在"名称框"中，输入需要选择的单元格名称，按下 Enter 键，即可选中相应的单元格或区域。例如，在"名称框"中分别输入 A:D、2:10、A1:B20,E1:E50，确认后，即可分别选中 A 列至 D 列、第 2 行至第 10 行、A1 至 B20 和 E1 至 E50 的单元格区域。

3. 利用"定位"对话框选择

通过"定位"对话框选择有两种形式。

（1）按 Ctrl+G 组合键，或按 F5 键，打开"定位"对话框，如图 4-26 所示。在"引用位置"文本框中输入需要选择的单元格名称，再单击"确定"按钮，即可选中相应的单元格或区域。

（2）在"定位"对话框中单击"定位条件"按钮，或者在"开始"选项卡"编辑"组中单击"查找和选择"，在出现的列表中单击"定位条件"，即可打开"定位条件"对话框，如图 4-27 所示。选中相应的项目后，单击"确定"按钮，即可同时选中符合相应项目的单元格或区域。例如，选中"公式"单选按钮，并单击"确定"按钮后，就可以选中所有包含了"公式"的单元格或区域。

图 4-26 "定位"对话框

图 4-27 "定位条件"对话框

【任务操作2】复制和移动单元格。

1. 复制并粘贴单元格

（1）选中需要复制的单元格或区域，单击"开始"选项卡中"复制"按钮，或按 Ctrl+C 组合键，即可完成复制操作。

（2）选中粘贴区域左上角的单元格，单击"开始"选项卡中"粘贴"按钮，或按 Ctrl+V 组合键，即可完成粘贴操作。

2. 复制并粘贴单元格中特定的内容

（1）选中需要复制的单元或格区域，单击"开始"选项卡中"复制"按钮，或按 Ctrl+C 组合键。

（2）选中粘贴区域左上角的单元格，单击"开始"选项卡中的"粘贴"→"选择性粘贴"，打开"选择性粘贴"对话框，如图 4-28 所示。

图 4-28 "选择性粘贴"对话框

（3）选择所需的选项后，单击"确定"按钮，即可粘贴单元格中特定的内容。

3. 移动单元格内容

要移动单元格中的内容，可以使用剪切功能，剪切后再粘贴就是移动。具体操作步骤如下：

（1）选中要移动内容的单元格，单击"开始"选项卡中的"剪切"按钮，或按 Ctrl+X 组合键。

（2）单击"开始"选项卡中的"粘贴"按钮，或按 Ctrl+V 组合键，即可将单元格中内容移动到新的位置。

【任务操作 3】插入和删除单元格。

1. 插入单元格、行或列

（1）在需要插入空单元格、行或列的位置选定一个单元格，右击，在快捷菜单中选择"插入"命令，打开"插入"对话框，如图 4-29 所示。

（2）如果要插入一个单元格，则选中"活动单元格右移"或"活动单元格下移"单选按钮；如果选中"整行"单选按钮，则在选中单元格的上方插入新的一行；如果选中"整列"单选按钮，则在选中单元格的左边插入新的一列。

（3）单击"确定"按钮完成操作。

2. 删除单元格

（1）选中需要删除的单元格或单元格区域，右击，在快捷菜单中选择"删除"命令，打开"删除"对话框，如图 4-30 所示。

图 4-29　"插入"对话框

图 4-30　"删除"对话框

（2）根据要删除的是单元格、整行还是整列，在对话框中选中相应的单选按钮。

（3）单击"确定"按钮，即可删除相应的单元格、行或列。

【任务操作 4】为单元格添加批注。

为单元格添加批注就是为单元格添加一些注释，当鼠标指针停留在带批注的 Excel 单元格上时，可以查看其中的每条批注，也可以同时查看所有的批注，还可以打印批注，以及打印带批注的工作表。

1. 添加批注

选中需要添加批注的单元格，右击，在快捷菜单中选择"插入批注"命令，在弹出的批注框中输入批注文本。输入文本后，单击批注框外部的工作表区域即可，如图 4-31 所示。

	A	B	C	D	E
1	学号	姓名	英语	数学	计算机
2	13001	刘涛	90	74	86
3	13002			76	80
4	13003	休学			
5	13004			90	95
6	13005	李慧娟	78	83	77
7	13006	刘娜	85	60	75

图 4-31　添加批注

2. 编辑批注

如果需要修改、编辑、移动批注或者调整批注的大小，可以右击需要编辑批注的单元格，在快捷菜单中选择"编辑批注"命令。

如果要修改批注外框的大小，可以用鼠标拖动批注边框上的尺寸调整柄。

如果要编辑批注，只需在批注框中重新输入即可。

如果要移动批注，只需拖动批注框的边框。

如果想要对批注做更多的设置，可以使用"设置批注格式"对话框。例如，要为批注修改背景色，方法如下：选中批注边框，右击，在快捷菜单中选择"设置批注格式"命令，打开"设置批注格式"对话框，如图 4-32 所示。

选择"颜色与线条"选项卡，在"颜色"下拉列表中选择一种背景颜色后，单击"确定"按钮，即可看到批注的背景色发生了变化，如图 4-33 所示。修改了此设置之后，以前输入的批注背景色并不会改变。

图 4-32　"设置批注格式"对话框

	A	B	C	D	E
1	学号	姓名	英语	数学	计算机
2	13001	刘涛	90	74	86
3	13002			76	80
4	13003	休学			
5	13004			90	95
6	13005	李慧娟	78	83	77
7	13006	刘娜	85	60	75

图 4-33　修改背景色后的批注

任务 2.3 工作表的格式化

【任务目标】本任务要求学生掌握对工作表进行格式化的常用方法。

【任务操作 1】设置单元格的边框和底纹。

1. 隐藏网格线

默认情况下，每个单元格都由围绕单元格的灰色网格线来标识，也可以将这些网格线隐藏起来，方法：在"视图"选项卡"显示"组中取消勾选"网格线"复选框，则在工作表区就看不到网格线了。

2. 设置单元格边框

用户可自行设置工作表中各单元格的边框线条粗细及颜色，方法如下：

选定要添加边框的单元格区域，在"开始"选项卡"单元格"组中单击对话框启动按钮，或右击，在快捷菜单中选择"设置单元格格式"命令，都会弹出"设置单元格格式"对话框，选择"边框"选项卡，如图 4-34 所示。可以在此添加或删除单元格的边框，并可选择不同的边框线型及边框颜色。

图 4-34 "边框"选项卡

3. 给单元格添加底纹

在 Excel 2016 中还可以设置单元格的背景，即底纹，以进一步修饰单元格及整个表格，突出重要数据。有两种方法：

方法 1：使用"填充颜色"下拉按钮添加底纹。

选定要添加底纹的单元格区域，在"开始"选项卡"字体"组中单击"填充颜色"下拉按钮 ，在弹出的调色板中选择合适的颜色即可。

方法 2：使用对话框添加底纹。

选定要添加底纹的单元格区域，在"开始"选项卡"单元格"组中单击对话框启动按钮，弹出"设置单元格格式"对话框，选择"填充"选项卡，如图 4-35 所示。在"背景色"选项区中选择合适的底纹颜色，在"图案样式"和"图案颜色"下拉列表中选择图案样式及颜色，在"示例"选项区中可以预览所选底纹图案及颜色的效果。选择完成后，单击"确定"按钮。

图 4-35 "填充"选项卡

【任务操作 2】单元格内容的字体设置。

选定要设置字体的单元格或单元格区域，右击，在快捷菜单中选择"设置单元格格式"，弹出"设置单元格格式"对话框，在对话框中选择"字体"选项卡，如图 4-36 所示。在"字体"选项卡中根据需要设置单元格文本的字体、字形、字号、颜色，以及是否带下划线、删除线等特殊效果。设置完成后，单击"确定"按钮即可。

图 4-36 "字体"选项卡

【**任务操作 3**】单元格的对齐格式设置。

选定要设置对齐格式的单元格或单元格区域，右击，在快捷菜单中选择"设置单元格格式"，弹出"设置单元格格式"对话框，在对话框中选择"对齐"选项卡，如图 4-37 所示。

图 4-37　"对齐"选项卡

在"对齐"选项卡中根据需要进行相关选项的设置。

1.　文本对齐方式

（1）水平对齐：对单元格中的内容进行水平方向的调节，同时可以进行缩进的设定。

（2）垂直对齐：对单元格中的内容进行垂直方向的调节。

2.　方向

可以设置文本是横排还是竖排，并能设置文本的倾斜角度。

3.　文本控制

（1）自动换行：设置单元格内的文本内容太长时是否换行。

（2）缩小字体填充：选择该选项后，当单元格缩小时，其内容也会随之缩小，内容始终全部可见。

（3）合并单元格：将多个单元格变为一个单元格，合并后的单元格被认为是一个独立的单元格。

【**任务操作 4**】使用条件格式。

条件格式就是将工作表中满足指定条件的数据用特殊格式显示出来。

1.　设置条件格式

例如，对"成绩表"中不及格的成绩以红色显示，90 分以上的成绩以蓝色显示。操作步骤如下：

（1）选定各个成绩所在的单元格区域，如图 4-38 所示。

图 4-38　选中"成绩表"中的成绩数据

（2）在"开始"选项卡"样式"组中单击"条件格式"→"突出显示单元格规则"→"大于"，弹出"大于"对话框，如图 4-39 所示。

图 4-39　"大于"对话框

（3）在"为大于以下值的单元格设置格式"文本框中输入 90，在"设置为"下拉列表中选择"自定义格式"，弹出"设置单元格格式"对话框。在"字体"选项卡中选择"颜色"为蓝色，单击"确定"按钮，返回"大于"对话框，单击"确定"按钮返回工作表。

（4）再单击"条件格式"→"突出显示单元格规则"→"小于"，弹出"小于"对话框，如图 4-40 所示。

图 4-40　"小于"对话框

（5）在"为小于以下值的单元格设置格式"后的文本框中输入 60，在"设置为"下拉列表中选择"红色文本"，单击"确定"按钮返回工作表。

2．删除条件格式

对于已经存在的条件格式，可以进行删除操作，步骤如下：

（1）选定要删除条件格式的单元格区域。

（2）在"开始"选项卡"样式"组中单击"条件格式"→"清除规则"→"清除所选单元格的规则"即可。

【任务操作 5】调整单元格的列宽、行高。

1．使用对话框调整列宽与行高

（1）选中要调整列宽的列中任意一个或多个单元格（可一次选择多列），在"开始"选项卡"单元格"组中单击"格式"→"列宽"，打开"列宽"对话框，如图 4-41 所示。

（2）在"列宽"文本框中输入数值，例如输入"10"。

（3）单击"确定"按钮，此时，所有选中列的列宽将更改为"10"。

图 4-41　"列宽"对话框

（4）选中要调整行高的行中任意一个或多个单元格（可一次选择多行），在"开始"选项卡"单元格"组中单击"格式"→"行高"，打开"行高"对话框，在"行高"文本框中输入要设置的行高数值，单击"确定"按钮，此时，所有选中行的行高将更改为指定值。

2．使用鼠标调整列宽与行高

如果要调整列的宽度，将鼠标指针移到要调整宽度的列的右边框，当鼠标指针变成✛形状时，按下鼠标左键并拖动就可以改变列宽，随着鼠标的移动，有一条虚线指示此时列的右框线所在的位置，并且指针的右上角也显示出此时的列宽。

调整行高的方法与调整列宽相似。

3．调整最适合的列宽与行高

如果要调整最适合的列宽，将鼠标指针移到要调整宽度的列的右边框，当鼠标指针变成✛形状时，双击，列宽就会自动调整到最合适的值。

行的操作与列的操作类似。

4．批量调整列宽与行高

对于相邻的多列，在其列标号处用鼠标拖动的方式选中各列，将鼠标指针移至选中区域内任何一列的列标号边缘，当鼠标指针变成✛形状时，双击，则选中的所有列的宽度将调成最合适的尺寸，以和每列中输入最多内容的单元格相匹配。

对于不相邻的多列，可按 Ctrl 键依次选中各列再进行调整操作。

行的操作与列的操作类似。

【任务操作 6】隐藏行与列。

要快速隐藏活动单元格所在的行，可以按组合键 Ctrl+9（不是小键盘上的数字键，下同）；要隐藏活动单元格所在列，可以按组合键 Ctrl+0。

隐藏行或列时，先选定需要隐藏的工作表的行或列，然后在"开始"选项卡"单元格"组中单击"格式"→"隐藏和取消隐藏"→"隐藏行"（或"隐藏列"）即可。

当要显示隐藏的行时，单击任一列号，然后在"开始"选项卡"单元格"组中单击"格式"→"隐藏和取消隐藏"→"取消隐藏行"即可恢复显示隐藏的行；当要显示隐藏的列时，单击任一行号，然后在"开始"选项卡"单元格"组中单击"格式"→"隐藏和取消隐藏"→"取消隐藏列"即可恢复显示隐藏的列。

案例实训

【实训要求】

在 Excel 2016 中设计一张如图 4-42 所示的"个人简历"表格，要求打印到 A4 纸上时完整美观。

图 4-42 "个人简历"工作表

【实训步骤】

（1）录入数据：按照"个人简历"工作表的要求对表中内容进行初步设计，将表中数据录入到工作表中，如图 4-43 所示。

图 4-43 录入数据

（2）为表格加边框：选中要加边框的单元格区域 A2:H18，右击，在弹出的菜单中选择"设置单元格格式",打开"设置单元格格式"对话框,在"边框"选项卡中选择"外边框"和"内部"选项,单击"确定"按钮。

(3)合并单元格:选中区域 A1:H1,按快捷键 Ctrl+1,弹出"设置单元格格式"对话框,在"对齐"选项卡下勾选"合并单元格"复选框。采用同样的方式完成 A2:B2、A3:B3、A4:B4、A5:B5、A6:B6、A7:A12、A13:A15、A16:A18 等单元格区域的合并。合并单元格后的工作表如图 4-44 所示。

	A	B	C	D	E	F	G	H
1	个人简历							
2	姓名			性别				
3	出生日期			民族				
4	政治面貌			学历			照片	
5	毕业学校			专业名称				
6	毕业时间			联系电话				
7		时间		所在学校			职务	
8	教育经历							
9								
10								
11								
12								
13	在校期间							
14								
15								
16	自我评价							
17								
18								

图 4-44　合并单元格

(4)居中显示:选中"个人简历"所在单元格区域,单击"居中"按钮,将"个人简历"居中显示。采用同样的方法,将"照片""时间""所在学校""职务"等内容居中显示。

(5)设置字体:选中"个人简历",在功能区中设置字体为"楷体、24 号字、加粗"。

(6)调整文字方向:选中"教育经历"单元格区域,在编辑栏中移动鼠标到"教"和"育"之间,按 Alt+Enter 组合键,可将文字换行显示。采用同样的方法,将"教育经历""在校期间所获奖励""自我评价"等文字换行显示。

(7)调整行高和列宽:右击要调整行高的行标题,选择"行高",在弹出的文本框中输入新的行高,或用鼠标拖动的方式进行调整。可以用同样的方法进行列宽的调整。

(8)打印预览:单击"文件"→"打印",可看到"打印预览"的效果。如果对当前表格的打印效果不满意,可返回工作表中做进一步的调整。

项目 3　数据计算

 项目分析

本项目要求在 Excel 2016 中,掌握公式和函数的输入、编辑和使用,相对引用、绝对引用和混合引用的相关知识。

任务 3.1　公式的应用

【任务目标】本任务要求学生了解 Excel 2016 的公式并掌握在工作表中如何使用公式。

【任务操作 1】认识 Excel 2016 中的公式。

在 Excel 2016 中，每个单元格可以存储不同的数值类型，如数值、文字、日期和时间等。除此之外还可以存储公式，实现各种数据的计算并获得所需要的信息。

公式是通过已知的数值来计算出新数值的等式，以等号（＝）开头，由常量、运算符、函数、引用 4 元素中的部分或全部组成。例如 "=(30 + A1)* SUM(D1:D4)" 是一个公式，就包含了上述元素，详细解释见表 4-2。

表 4-2　公式解释

公式元素	解　释	公式元素	解　释
=	一个公式的开始	+,*,()	运算符
30	常量	SUM()	函数
A1	单元格的引用	D1:D4	单元格区域的引用

【任务操作 2】Excel 2016 公式中的运算符。

Excel 2016 中的运算符主要有以下 4 种。

1．算术运算符

算术运算符用于完成基本的算术运算，如加、减、乘、除等。

2．比较运算符

比较运算符用于比较两个数值的大小，其运算结果为逻辑值 true 或 false，即正确或错误。

3．文本运算符

文本运算符只有一个 "&"，使用该运算符可以连接文本。其含义是将两个文本值连接起来产生一个文本值，如"计算机"&"技术"的结果是 "计算机技术"。

4．引用运算符

引用运算符用于单元格或单元格区域的引用，主要包括冒号、逗号和空格。

表 4-3 列出了 Excel 2016 公式中的所有运算符。

表 4-3　Excel 2016 公式中的所有运算符

运算符类型	运算符	含义	示例
算术运算符	+	加	2+3
	-	减	6-2
	*	乘	3*5
	/	除	12/4
	%	百分比	15%
	^	乘幂	3^2（3 的 2 次方）

续表

运算符类型	运算符	含义	示例
比较运算符	=	等于	A1=B1
	>	大于	A1>B1
	<	小于	A1<B1
	>=	大于等于	A1>=B1
	<=	小于等于	A1<=B1
	<>	不等于	A1<>B1
文本运算符	&	将两个文本连接起来组成一个文本	"Excel"&"表格"生成"Excel 表格"
引用运算符	:（冒号）	引用相邻的多个单元格区域	A1:A5（引用从 A1 到 A5 的所有单元格）
	,（逗号）	将多个引用合并为一个引用	A1:A5,B1:B5（引用 A1:A5 和 B1:B5 两个单元格区域）
	（空格）	引用选定的多个单元格的交叉区域	B1:C4 C3:D5 引用 B1:C4 和 C3:D5 两个单元格区域相交的区域，即 C3:C4 区域

📖知识链接

公式中有多种运算符时，优先计算括号内的数值，然后按优先级从高到低的顺序进行运算。运算符的优先级从高到低为引用运算符、算术运算符、文本运算符、比较运算符。同级运算符按从左到右的顺序运算。

【**任务操作 3**】使用公式计算出图 4-45 成绩表中每位学生的总成绩。

⬛	A	B	C	D	E
1		成 绩 表			
2	科目\姓名	语文	数学	英语	总成绩
3	张明	81	98	77	
4	王鹏	86	92	80	
5	李静	75	94	87	
6	赵雪花	83	87	94	
7	李晓	90	78	86	
8	王秀丽	87	54	78	
9	孙甜甜	76	76	78	

图 4-45 成绩表

方法 1：

（1）选中 E3 单元格，在其中输入"=B3+C3+D3"，按 Enter 键后即可得到 E3 单元格的数值，如图 4-46 所示。

（2）选中 E4 单元格，在其中输入"=B4+C4+D4"，按 Enter 键后即可得到 E4 单元格的数值。

（3）按照上面的方法依次求得 E5、E6、E7、E8、E9 单元格内的数值。

图 4-46 　输入公式

✉说明提示

在编辑栏中输入公式时，当输入了运算符后，可以继续在编辑栏中输入相应的单元格名称；也可以直接用鼠标选取相应的单元格，同样会在编辑栏中显示对应单元格的名称。

方法 2：

（1）选中 E3 单元格，在其中输入"=B3+C3+D3"，按 Enter 键后即可得到 E3 单元格的数值。

（2）选中 E3 单元格，右击并选择"复制"命令或按 Ctrl+C 组合键。

（3）选中 E4 单元格，右击并选择"粘贴"命令或按 Ctrl+V 组合键，这样就将 E3 单元格中的公式格式粘贴到 E4 单元格中了，并且将显示计算结果。

（4）依次选中 E5、E6、E7、E8、E9 单元格，右击并选择"粘贴"命令或按 Ctrl+V 组合键。

方法 3：

（1）选中 E3 单元格，在其中输入"=B3+C3+D3"，按 Enter 键后即可得到 E3 单元格的数值。

（2）选中 E3 单元格，将鼠标指针放在 E3 单元格右下角的填充柄上，当光标变为"+"时，按住鼠标左键并拖动到 E9 单元格时松开鼠标，则拖动时经过的单元格均被填充了 E3 单元格中的公式格式。

方法 4：

（1）选中单元格区域 E3:E9。

（2）单击编辑栏，再在编辑栏中输入"=+B3:B9+C3:C9+D3:D9"。

（3）按 Ctrl+Shift+Enter 组合键，可看到 Excel 对各行进行了求和（编辑栏里的公式自动加上了大括号{ }，表示是数组运算）。

💻知识链接

数组公式可以同时进行多个计算并返回一种或多种结果，数组公式对两组或多组被称为数组参数的数值进行运算，每个数组参数必须有相同数量的行和列。数组公式括于大括号{ }中，按 Ctrl+Shift+Enter 组合键可以输入数组公式。

【任务操作 4】单元格引用。

单元格引用的作用在于标识工作表中的单元格或单元格区域，以便告诉公式使用哪些单元格中的数值。通过单元格引用，可以在公式中使用工作表不同部分的数值，或者在多个公式中使用同一个单元格的数值，还可以引用其他工作表中的数值。

在 Excel 公式中对单元格的引用方式主要有 3 种：相对引用、绝对引用和混合引用。

1. 相对引用

相对引用直接引用单元格地址。使用相对引用，系统将记住建立公式的单元格和被引用单元格的相对位置。公式复制后，新的公式所在的单元格和被引用单元格之间仍保持这种相对位置关系。

例如，在 E3 单元格中输入"=D3-B3"，公式复制到 E4 单元格后，E4 单元格中的公式为"=D4-B4"。

2. 绝对引用

绝对引用需在单元格的列号、行号前加"$"，如"$D$3"。使用绝对引用，被引用的单元格与公式所在单元格之间的位置是绝对的。无论将公式复制到任何单元格，公式所引用的单元格均不变，因而引用的数据也不变。

例如，在 E3 单元格中输入"=$D$3-$B$3"，公式复制到 E4 单元格后，E4 单元格中的公式仍为"=$D$3-$B$3"。

3. 混合引用

混合引用是相对引用和绝对引用的混合，有以下两种情况：

（1）若在列号前加"$"，行号前不加"$"，则被引用的单元格其列的位置是绝对的，行的位置是相对的。

（2）若列号前不加"$"，行号前加"$"，则被引用的单元格其列的位置是相对的，行的位置是绝对的。

例如，在 B11 单元格中输入"=$B3-B$9"，公式复制到 C11 单元格后，C11 单元格中的公式为"=$B3-C$9"。

4. 其他引用

（1）相同工作簿不同工作表中单元格的引用需要在公式中同时加入工作表引用和单元格引用。

例如，在工作表 Sheet1 里引用工作表 Sheet3 中的单元格 E4，用"Sheet3!E4"表示。

（2）三维引用可实现对多个工作表中相同单元格区域的引用。

例如，要对工作表 Sheet1、Sheet2、Sheet3 中的单元格区域 D5:E10 进行求和，用"=SUM(Sheet1:Sheet3! D5:E10)"表示。

（3）不同工作簿中单元格的引用需要输入被引用工作簿的路径。

例如，"C:\我的文档\[Book1.xls]Sheet1!B3"表示要使用 C:盘下"我的文档"文件夹 Book1.xls 中 Sheet1 工作表 B3 单元格的数据。

任务 3.2   函数的应用

【任务目标】本任务要求学生了解 Excel 2016 的函数并掌握在工作表中如何使用函数。

【任务操作 1】认识 Excel 2016 中的函数。

1. 函数的构成

Excel 函数结构大致分为函数名和函数参数两个部分。

函数名(参数 1,参数 2,参数 3,…)

其中，函数名说明函数要执行的运算；参数是用来执行运算的数据，可以是数值、字符、逻辑值、表达式、单元格、单元格区域的引用等。

没有参数的函数称为无参函数，形式为：函数名()。

2. Excel 2016 的常用函数

（1）数学和三角函数：可以处理简单和复杂的数学计算。

（2）日期和时间函数：用于在公式中分析和处理日期与时间值。

（3）统计函数：可以对选择区域的数据进行统计分析。

（4）文本函数：用于在公式中处理字符串。

（5）逻辑函数：使用逻辑函数可以进行真假值判断，或者进行符号检验。

（6）数据库函数：主要用于分析数据清单中的数值是否符合特定的条件。

（7）查找和引用函数：可以在数据清单中查找特定数据，或查找某一单元格的引用。

（8）工程函数：用于工程分析。

（9）信息函数：用于确定存储在单元格中的数据类型。

（10）财务函数：可以进行一般的财务计算。

表 4-4 中列出了 Excel 2016 的一些常用函数。

表 4-4   Excel 2016 中的一些常用函数

函数类别	函数名	功能
数学函数	SUM	求一组数的和
	AVERAGE	求一组数的平均数
	MOD	将数字按指定位数四舍五入
	INT	数值向下取整为最接近的整数
	MAX	求一组数的最大值
	MIN	求一组数的最小值
	SQRT	求一个数的平方根
	ROUND	将数字四舍五入
	ABS	求一个数的绝对值
统计函数	COUNT	计算参数中数值以及包含数值的单元格个数
	COUNTA	计算指定单元格区域中非空单元格个数
	COUNTIF	计算满足给定条件的单元格个数

续表

函数类别	函数名	功能
逻辑函数	IF	根据条件判断并返回不同结果
日期与时间函数	TODAY	返回当前系统日期
	NOW	返回当前系统时间
	YEAR	返回日期对应的年份
	MONTH	返回日期对应的月份，以 1～12 表示
	DAY	返回日期对应的天数值，以 1～31 表示

【任务操作 2】函数的输入。

（1）手工输入函数。对于一些简单的函数，可以采用手工输入的方法。手工输入函数的方法同在单元格中输入公式的方法一样。可以先在编辑栏中输入一个等号（=），然后直接输入函数本身。

例如，要在图 4-47 所示的 E2 单元格中得到 A2、B2、C2、D2 四个单元格中数字的和。操作如下：选中 E2 单元格，在编辑栏中输入"=SUM(A2:D2)"，按 Enter 键，即可在 E2 中看到运算结果。

图 4-47　输入函数

⊠说明提示

在 Excel 2016 中，如果输入的公式正确，则函数名将变成大写，可以利用此功能来验证公式的正确与否。

（2）使用函数向导输入。对于比较复杂的函数，可使用函数向导来输入。

例如，要在图 4-47 所示的 F2 单元格中得到 A2、B2、C2、D2 四个单元格中数字的平均值。操作步骤如下：

- 选中 F2 单元格，在"公式"选项卡中单击"插入函数"，弹出"插入函数"对话框，如图 4-48 所示。
- 在"选择函数"列表框中双击 AVERAGE 函数，弹出"函数参数"对话框，如图 4-49 所示。
- 在 Number1 文本框中，输入参数值 A2:D2，单击"确定"按钮，则在 E1 单元格中显示出运算结果。

图 4-48　"插入函数"对话框

图 4-49　"函数参数"对话框

【任务操作 3】函数的嵌套。

有些运算需要使用多个函数得到最终结果，可以使用函数的嵌套来实现。

例如，要在图 4-47 所示的 F2 单元格中得到 A2、B2、C2、D2 四个单元格中数字的平均值，并四舍五入保留一位小数。这就需要使用四舍五入函数与平均值函数的嵌套来完成。操作步骤如下：

- 选中要求平均值的 F2 单元格，在"公式"选项卡中单击"插入函数"或直接单击编辑栏上的 *f*ₓ 图标，打开如图 4-48 所示的"插入函数"对话框，在"或选择类别"下拉列表中选择"数学与三角函数"，在下方的"选择函数"列表框中双击四舍五入函数 ROUND，打开 ROUND 的"函数参数"对话框，如图 4-50 所示。

图 4-50 "函数参数"对话框

- 设定保留一位小数，即在 Num_digits 文本框内输入"1"。
- 将光标移到编辑栏"=ROUND(,1)"中逗号的前面，在名称框中选择 AVERAGE 函数，打开 AVERAGE 的"函数参数"对话框，在 Number1 后输入 A2:D2，单击"确定"按钮，即可在 F2 单元格中看到运算结果，如图 4-51 所示。

图 4-51 函数的嵌套

案例实训

【实训要求】

对图 4-52 所示的"员工年度考核表"做如下操作：

（1）计算每一位员工的总成绩，总成绩为"考勤"和"业绩"两部分的分数和。

（2）根据总成绩对员工进行排名。

（3）划分考核等级，总成绩 70 分以上（含 70 分）的，考核等级为"合格"；70 分以下为"不合格"。

工号	姓名	考勤(30分)	业绩(70分)	总成绩	排名	等级
1001	陈明华	30	65			
1002	张雪	28	60			
1003	孙才	20	50			
1004	李明	30	64			
1005	吴楠	24	46			
1006	米小米	28	55			
1007	王亮	28	50			
1008	赵一航	24	42			

图 4-52 员工年度考核表

【实训步骤】

（1）计算总成绩：在 E3 单元格中输入"=C3+D3"，按 Enter 键结束。采用填充柄自动填充的方式填充 E4:E10 单元格区域。

（2）利用 Rank 函数进行排名：在 F3 单元格中输入 "=RANK(E3,$E$3:$E$10)"，按 Enter 键结束。采用填充柄自动填充的方式填充 F4:F10 单元格区域，如图 4-53 所示。

工号	姓名	考勤(30分)	业绩(70分)	总成绩	排名	等级
			员工年度考核表			
1001	陈明华	30	65	95	1	
1002	张雪	28	60	88	3	
1003	孙才	20	50	70	6	
1004	李明	30	64	94	2	
1005	吴楠	24	46	70	6	
1006	米小米	28	55	83	4	
1007	王亮	28	50	78	5	
1008	赵一航	24	42	66	8	

图 4-53　计算排名

（3）填写等级：选中 G3 单元格，在编辑栏中输入 "="，在名称框出现的函数列表中选 IF 函数，弹出"函数参数"对话框，如图 4-54 所示，在 Logical_test 文本框中输入 "E3>=70"，Value_if_true 文本框中输入 "合格"、Value_if_false 文本框中输入 "不合格"，单击 "确定" 按钮，会看到在 G3 单元格中显示 "合格"。

图 4-54　"函数参数"对话框（IF）

（4）"等级"列自动填充：采用填充柄自动填充的方式填充 G4:G10 单元格区域，结果如图 4-55 所示。

工号	姓名	考勤(30分)	业绩(70分)	总成绩	排名	等级
			员工年度考核表			
1001	陈明华	30	65	95	1	合格
1002	张雪	28	60	88	3	合格
1003	孙才	20	50	70	6	合格
1004	李明	30	64	94	2	合格
1005	吴楠	24	46	70	6	合格
1006	米小米	28	55	83	4	合格
1007	王亮	28	50	78	5	合格
1008	赵一航	24	42	66	8	不合格

图 4-55　"等级"列自动填充

项目 4　数据图表化

项目分析

本项目要求掌握 Excel 2016 中图表的创建、编辑以及格式设置等,并能够灵活地运用常见的一些图表。

任务 4.1　创建图表

【任务目标】本任务要求学生掌握在工作表中创建图表的方法。

【任务操作】将图 4-56 中"各大城市旅游消费统计表"的内容以柱形图形式呈现。

(1)在工作表中选定要制作图表的数据区域,在"插入"选项卡"图表"组中单击"柱形图",弹出一个包含各种常用"柱形图"图标的下拉列表,如图 4-57 所示。

	各大城市旅游消费统计表			
	一季度	二季度	三季度	四季度
北京	350	360	470	265
天津	230	285	340	225
上海	320	310	355	300

图 4-56　各大城市旅游消费统计表　　　　图 4-57　"柱形图"图标下拉列表

(2)在下拉列表中单击"二维柱形图"下的第一个图标,则在工作表中出现对应的柱形图,如图 4-58 所示。

图 4-58　"柱形图"图表

任务 4.2　编辑图表

【任务目标】本任务要求学生掌握对已存在的图表进行编辑的基本操作。

【任务操作1】调整图表。

当用户单击选定图表后，图表周围会出现一个边框，边框的上下左右和四个边角会出现尺寸控制点；在图表上按住鼠标左键并拖动，可将图表移动到新的位置；将鼠标指针移到尺寸控制点上按住左键并拖动，可调整图表的大小。

【任务操作2】切换行与列。

方法1：先将图表选中，然后在"设计"选项卡"数据"组中单击"切换行/列"命令，即可将柱形图的横轴由"季度"切换为"城市"。

方法2：右击图表，在快捷菜单中单击"选择数据"命令，出现"选择数据源"对话框，如图4-59所示。在对话框中，单击"切换行/列"按钮，即可将柱形图的横轴由"季度"切换为"城市"。

图 4-59　"选择数据源"对话框

【任务操作3】设置图表的标题。

要对图表设置标题，先将图表选中，然后在"布局"选项卡"图表布局"组中单击"添加图表元素"下拉按钮，选择"图表标题"，在弹出的下拉列表中可以选择是否需要标题以及标题出现的位置，如图4-60所示。

图 4-60　"图表标题"下拉列表

【任务操作 4】 修改图表类型。

要改变图表的类型，可进行如下操作：

（1）选定需要修改类型的图表。

（2）在"设计"选项卡"类型"组中单击"更改图表类型"，或右击，在快捷菜单中选择"更改图表类型"命令，弹出"更改图表类型"对话框，如图 4-61 所示。

图 4-61 "更改图表类型"对话框

（3）在对话框中，选中想要的图表类型，单击"确定"按钮。

【任务操作 5】 图表格式化。

在图表中双击任何图表元素都会打开相应的格式面板，在该面板中可以设置该图表元素的格式。

例如，双击图表中的图例项，打开"设置图表区格式"面板，如图 4-62 所示。在该面板中可以设置图例项的位置、填充效果、边框颜色、边框样式、颜色、阴影效果等。

图 4-62 "设置图表区格式"面板

案例实训

【实训要求】

在 Excel 2016 中新建一张"金牌榜"工作表，输入表 4-5 中的内容，并制作一个折线图对数据进行统计。要求：折线图的标题为"奥运金牌统计折线图"，字体为"宋体，12号字，加粗"，折线图中的文字均为粗体。

表 4-5　历届奥运会金牌榜

	第 26 届	第 27 届	第 28 届	第 29 届	第 30 届
美国	44	37	35	36	46
中国	16	28	32	51	38
俄罗斯	26	32	27	23	24

【实训步骤】

（1）启动 Excel 2016，新建一个空白工作簿，修改 Sheet1 标签为"金牌榜"。

（2）在工作表 A1 单元格中输入"历届奥运会金牌榜"，选中 A1:F1 单元格区域，右击，在快捷菜单中选择"设置单元格格式"命令，弹出"设置单元格格式"对话框，勾选"对齐"选项卡下的"合并单元格"复选框，在"字体"选项卡下，设置字体为"宋体、加粗、16 号字"。继续录入表 4-5 中的内容，录入完成后如图 4-63 所示。

（3）选中 A2:F5 单元格区域，在"插入"选项卡"图表"组中单击"折线图"，在弹出的下拉列表（图 4-64）中选择"二维折线图"下第二行的第一个。

图 4-64　"折线图"下拉列表

	A	B	C	D	E	F
1			历届奥运会金牌榜			
2		第26届	第27届	第28届	第29届	第30届
3	美国	44	37	35	36	46
4	中国	16	28	32	51	38
5	俄罗斯	26	32	27	23	24

图 4-63　录入数据后的工作表

（4）此时，在工作表下方生成一张折线图，如图 4-65 所示。

（5）单击横轴文字区域，在"开始"选项卡"字体"组中单击"加粗"，可将横轴文字加粗。用同样的方法再将纵轴文字和图例框中文字加粗。

图 4-65 生成的折线图

（6）在"布局"选项卡"标签"组中单击"图表标题"，在其下拉列表中选择"图表上方"，则在折线图上方出现一个用来输入图表标题的文本框，在其中输入"奥运金牌统计折线图"，并选中文字，设置字体为"宋体，12 号字，加粗"，如图 4-66 所示。

图 4-66 添加了图表标题的折线图

项目 5　数据分析处理

 项目分析

本项目要求掌握在 Excel 2016 中使用数据处理功能完成各种数据处理任务，以及常用的数据排序、筛选和汇总操作。

任务 5.1　数据排序

【任务目标】本任务要求学生掌握在工作表中使用排序功能对数据进行排序。

【任务操作 1】按一列排序。

按一列排序是 Excel 中最常用、最简单的一种排序方法，即对某一列的数据按升序或降序排序。

对图 4-67 中的成绩表按总分由高到低排序。操作步骤如下：

（1）单击"总分"列下的任一单元格或列标题。

（2）在"开始"选项卡"编辑"组中单击"排序和筛选"，在其下拉列表中选择"降序"，即可在工作表中看到数据按总分由高到低来显示，如图 4-68 所示。

	A	B	C	D	E
1		成 绩 表			
2	科目 姓名	语文	数学	英语	总分
3	张明	81	98	77	256
4	王鹏	86	92	80	258
5	李静	75	94	87	256
6	赵雪花	83	87	94	264
7	李晓	90	78	96	264
8	王秀丽	87	54	78	219
9	孙甜甜	76	76	78	230

图 4-67 成绩表

	A	B	C	D	E
1		成 绩 表			
2	科目 姓名	语文	数学	英语	总分
3	王鹏	86	92	90	268
4	赵雪花	83	87	94	264
5	李晓	90	78	96	264
6	张明	81	98	77	256
7	李静	75	94	87	256
8	孙甜甜	76	76	78	230
9	王秀丽	87	54	78	219

图 4-68 排序后的成绩表

⊠说明提示

按升序排序的默认顺序如下：①数值按从小到大；②文本按字母先后顺序；③逻辑值按 false 在前，true 在后；④空格始终排在最后。按降序排序时，除空格总排在最后外，其他顺序正好相反。

【任务操作 2】按多列排序。

按多列排序可以使数据在第一排序列的值相同的情况下，按第二排序列的值进行排序，若第一排序列和第二排序列的值都相同，可以按第三排序列的值进行排序，以此类推。

对图 4-67 中的成绩表按总分由高到低排序，总分相同时按语文成绩由高到低排序。操作步骤如下：

（1）单击数据区域中的任一单元格。

（2）在"开始"选项卡"编辑"组中单击"排序和筛选"，在其下拉列表中选择"自定义排序"，打开"排序"对话框，如图 4-69 所示。

图 4-69 "排序"对话框

（3）在"主要关键字"后的下拉列表中选择"总分""数值""降序"。单击"添加条件"按钮，在"主要关键字"下方出现一行"次要关键字"的设置列表，如图 4-70 所示，在其中选择"语文""数值""降序"。

图 4-70　在"排序"对话框中添加条件

（4）单击"确定"按钮，即可看到排序后的结果如图 4-71 所示。

图 4-71　按多列排序后的结果

【任务操作 3】自定义排序。

对于某些特定排序，需要进行自定义排序。

对图 4-72 中的"学生信息统计表"按照"计算机系、机械工程系、电气系"的顺序进行排序，操作步骤如下：

图 4-72　学生信息统计表

（1）单击数据区域中的任一单元格。

（2）在"开始"选项卡"编辑"组中单击"排序和筛选"，在其下拉列表中选择"自定义排序"，打开"排序"对话框。

（3）在"主要关键字"后的下拉列表中依次选择"系别""数值""自定义序列"，当选择"自定义序列"后，弹出"自定义序列"对话框，如图 4-73 所示。

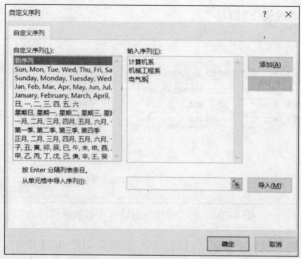

图 4-73　　"自定义序列"对话框

（4）在"输入序列"列表框中输入"计算机系　机械工程系　电气系"，单击"添加"按钮，然后在左边"自定义序列"列表框中找到新添加的"计算机系，机械工程系，电气系"序列，单击选中后，单击下方的"确定"按钮返回"排序"对话框。

（5）此时可在"排序"对话框中看到排序次序为"计算机系，机械工程系，电气系"，单击"确定"按钮即可看到排序后的结果如图 4-74 所示。

	A	B	C	D
1	系　别	姓　名	性　别	成绩
2	计算机系	李玲	女	95
3	计算机系	王刚	男	91
4	计算机系	赵宏雪	女	89
5	机械工程系	刘梅	女	90
6	电气系	孙浩	男	88
7	电气系	张素华	男	94

图 4-74　　按"系别"排序后的结果

任务 5.2　数据筛选

【任务目标】本任务要求学生掌握在工作表中按照实际需要对数据进行筛选的方法。

【任务操作 1】自动筛选。

通过自动筛选，用户可以快速地将那些不想看到或者不想打印的数据隐藏起来。对图 4-72 中的"学生信息统计表"可以通过自动筛选进行多种信息的查询。

操作步骤如下：

（1）选中数据区域中的任一单元格，在"开始"选项卡"编辑"组中单击"排序和筛选"，在其下拉列表中选择"筛选"，此时会在表中标题行中出现下拉按钮，如图 4-75 所示。

（2）通过单击下拉按钮进行自动筛选。如想显示女学生的成绩，单击"性别"后的下拉按钮，在弹出的下拉列表中选择"女"选项即可实现。筛选后结果如图 4-76 所示。

	A	B	C	D
1	系	姓	性	成
2	计算机系	李玲	女	95
3	电气系	孙浩	男	88
4	电气系	张秦华	男	94
5	机械工程系	刘梅	女	90
6	计算机系	王刚	男	91
7	计算机系	赵宏雪	女	89

图 4-75　自动筛选

	A	B	C	D
1	系	姓	性	成
2	计算机系	李玲	女	95
5	机械工程系	刘梅	女	90
7	计算机系	赵宏雪	女	89

图 4-76　女学生成绩

【任务操作 2】 自定义自动筛选。

也可以通过自定义的形式对数据进行筛选。

例如，要对图 4-72 中成绩大于 70 分、小于 90 分的同学进行筛选。操作步骤如下：

（1）选中数据区域中的任一单元格，在"开始"选项卡"编辑"组中单击"排序和筛选"，在其下拉列表中选择"筛选"，此时会在表中标题行中出现下拉按钮，如图 4-75 所示。

（2）单击"成绩"后的，在弹出的下拉列表中选择"数字筛选"→"大于"选项，弹出"自定义自动筛选方式"对话框，如图 4-77 所示。

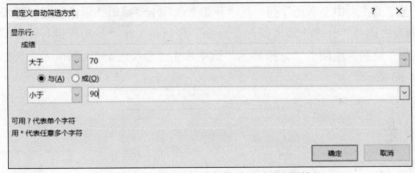

图 4-77　"自定义自动筛选方式"对话框

（3）在第一行左边的下拉列表中选择"大于"，在右边的列表框中输入 70。

（4）选中"与"单选按钮，并在第二行左边的下拉列表中选择"小于"，在右边的列表框中输入 90。

（5）单击"确定"按钮。筛选结果如图 4-78 所示。

	A	B	C	D
1	系	姓	性	成
3	电气系	孙浩	男	88
7	计算机系	赵宏雪	女	89

图 4-78　自定义筛选后结果

任务 5.3　数据分类汇总

【任务目标】 本任务要求学生掌握在工作表中对数据进行分类汇总的方法。

【任务操作 1】 认识 Excel 中的数据分类汇总。

分类汇总是指对工作表中某列数据进行分类，并对各类数据进行快速的统计计算。Excel 2016 提供了 11 种汇总类型，包括求和、计数、平均值、最大值、最小值、数值计数等，默认的汇总方式为求和。

【任务操作 2】 分类汇总。

对图 4-79 所示的"员工工资统计表"统计各学历层次的员工工资平均值。

	A	B	C	D	E	F	G
1			员 工 工 资 统 计 表				
2	工号	姓名	职务	学历	基本工资	提成	工资总额
3	001	陈明华	销售代表	大专	900	1500	2400
4	002	张雪	业务经理	本科	1400	2000	3400
5	003	孙才	销售代表	大专	900	970	1870
6	004	李明	销售代表	大专	1000	1500	2500
7	005	米小米	秘书	本科	1500	980	2480
8	006	赵一航	销售代表	本科	1000	1650	2650

图 4-79 员工工资统计表

操作步骤如下：

（1）选定工作表中"学历"列，在"开始"选项卡"编辑"组中单击"排序和筛选"，在其下拉列表中选择"升序"或"降序"命令，先对员工按"学历"进行排序。

（2）在"数据"选项卡"分级显示"组中单击"分类汇总"，弹出"分类汇总"对话框，如图 4-80 所示。

图 4-80 "分类汇总"对话框

（3）在"分类字段"下拉列表中选择"学历"，在"汇总方式"下拉列表中选择"平均值"，在"选定汇总项"列表框勾选"工资总额"复选框。

（4）单击"确定"按钮，在工作表中显示分类汇总结果，如图 4-81 所示。

图 4-81　分类汇总结果

【任务操作 3】删除分类汇总。

再次选定工作表，在"数据"选项卡"分级显示"组中单击"分类汇总"，在弹出的"分类汇总"对话框中单击"全部删除"按钮，可将工作表恢复到分类汇总前的数据状态。

案例实训

【实训要求】

对图 4-82 所示的"公司费用表"做如下操作：

（1）对"部门"列按"生产部、技术部、销售部"的顺序排序；部门相同时，按"月份"由小到大排序。

（2）筛选出销售部 2 月份的费用记录。

（3）取消数据筛选，按部门汇总各项费用的总金额。

	A	B	C	D
1	公司费用表			
2	部门	月份	费用类别	金额
3	销售部	1	办公费	¥310.00
4	生产部	3	差旅费	¥540.00
5	技术部	2	办公费	¥1,000.00
6	技术部	3	培训费	¥1,260.00
7	销售部	2	培训费	¥600.00
8	生产部	1	办公费	¥850.00
9	销售部	3	差旅费	¥490.00
10	销售部	2	办公费	¥400.00

图 4-82　公司费用表

【实训步骤】

（1）自定义排序序列：单击数据区域中的任一单元格，在"开始"选项卡"编辑"组中单击"排序和筛选"，在其下拉列表中选择"自定义排序"，打开"排序"对话框。在"主要关键字"后的下拉列表中依次选择"部门""数值""自定义序列"。当选择"自定义序列"后，弹出"自定义序列"对话框，如图 4-83 所示。在"输入序列"列表框中输入"生产部　技术部　销售部"，单击"添加"按钮，然后在左边"自定义序列"列表框中找到新添加的"生产部，技术部，销售部"序列，单击选中后，单击下方的"确定"按钮返回"排序"对话框。

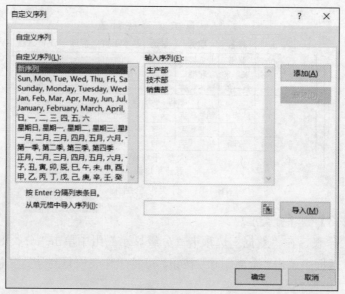

图 4-83　"自定义序列"对话框

（2）多关键字排序：单击"添加条件"按钮，在"主要关键字"下方出现一行"次要关键字"的设置列表，如图 4-84 所示，在其中选择"月份""数值""升序"，单击"确定"按钮，即可看到排序后的结果，如图 4-85 所示。

图 4-84　"排序"对话框

	A	B	C	D
1	公司费用表			
2	部门	月份	费用类别	金额
3	生产部	1	办公费	¥850.00
4	生产部	3	差旅费	¥540.00
5	技术部	2	办公费	¥1,000.00
6	技术部	3	培训费	¥1,260.00
7	销售部	1	办公费	¥310.00
8	销售部	2	培训费	¥600.00
9	销售部	2	办公费	¥400.00
10	销售部	3	差旅费	¥490.00

图 4-85　按部门、月份排序后的结果

（3）筛选：选中数据区域中的任一单元格，在"开始"选项卡"编辑"组中单击"排序和筛选"，在其下拉列表中选择"筛选"，此时会在表中标题行中出现下拉按钮🔽。单击"部门"后的回按钮,在弹出的下拉列表中勾选"销售部"复选框,再单击"月份"后的回按钮,在弹出的下拉列表中勾选"2"复选框,即可看到筛选后的结果,如图 4-86 所示。

▲	A	B	C	D
1	公司费用表			
2	部门	月份	费用类别	金额
8	销售部	2	培训费	¥600.00
9	销售部	2	办公费	¥400.00

图 4-86　自动筛选结果

(4) 取消筛选:选中数据区域中的任一单元格,再次单击"排序和筛选"下拉列表中的"筛选"命令,将取消筛选状态,将当前数据表恢复到筛选前的状态。

(5) 分类汇总:在"数据"选项卡"分级显示"组中单击"分类汇总",弹出"分类汇总"对话框,如图 4-87 所示。在"分类字段"下拉列表中选择"部门",在"汇总方式"下拉列表中选择"求和",在"选定汇总项"列表框中勾选"金额"复选框,单击"确定"按钮,即可在工作表中显示分类汇总结果,如图 4-88 所示。

图 4-87　"分类汇总"对话框

1 2 3		A	B	C	D
	1	公司费用表			
	2	部门	月份	费用类别	金额
	3	生产部	1	办公费	¥850.00
	4	生产部	3	差旅费	¥540.00
	5	生产部 汇总			¥1,390.00
	6	技术部	2	办公费	¥1,000.00
	7	技术部	3	培训费	¥1,260.00
	8	技术部 汇总			¥2,260.00
	9	销售部	1	办公费	¥310.00
	10	销售部	2	培训费	¥600.00
	11	销售部	2	办公费	¥400.00
	12	销售部	3	差旅费	¥490.00
	13	销售部 汇总			¥1,800.00
	14	总计			¥5,450.00

图 4-88　分类汇总结果

扫一扫二维码,查看模块实训任务。

模块实训

扫一扫二维码,查看课后习题。

课后习题

回顾本模块的学习过程，将你获得的知识、技能、感悟等，以文字或思维导图的形式总结记录下来。

老师评价：

同学评价：

模块五　幻灯片制作软件 PowerPoint 2016

模块重点

- 演示文稿制作
- 幻灯片动画设置
- 幻灯片切换
- 背景、配色方案的使用
- 幻灯片母版的作用与制作
- 演示文稿的放映及打印

教学目标

- 了解 PowerPoint 的基本功能
- 掌握背景、配色方案的使用
- 掌握演示文稿的创建步骤
- 理解幻灯片母版的作用及其应用
- 熟练掌握演示文稿的基本编辑操作
- 掌握幻灯片的放映及其打印方法

思政园地

积土成山，风雨兴焉；积水成渊，蛟龙生焉；积善成德，而神明自得，圣心备焉。

——《荀子·劝学》

译文　堆积土石成了高山，风雨就从这里兴起了；汇积水流成为深渊，蛟龙就从这儿产生了；积累善行养成高尚的品德，自然会心智澄明，也就具有了圣人的精神境界。

项目 1　创建和编辑演示文稿

 项目分析

本项目要求理解 PowerPoint 的作用，掌握 PowerPoint 2016 的启动和退出，了解 PowerPoint 的窗口组成，掌握演示文稿的创建方法及步骤，掌握演示文稿中不同视图的作用及视图的切换方式，掌握演示文稿中幻灯片的编辑。

任务 1.1　PowerPoint 2016 窗口的组成

【任务目标】本任务要求学生了解 PowerPoint 2016 的启动与退出，PowerPoint 2016 窗口的组成部分以及各部分的构成和使用方法。

【任务操作 1】PowerPoint 2016 的启动和退出。

1. PowerPoint 基本功能

PowerPoint 作为演示文稿制作软件，提供了方便、快速建立演示文稿的功能，包括幻灯片的建立、插入、删除等基本功能，以及幻灯片版式的选用，幻灯片中信息的编辑及最基本的放映方式等。对于已建立的演示文稿，为了方便用户从不同角度阅读幻灯片，PowerPoint 提供了多种幻灯片浏览模式，包括普通视图、浏览视图、备注页视图、阅读视图和母版视图等。为了更好地展示演示文稿的内容，利用 PowerPoint 可以对幻灯片的页面、主题、背景及母版进行外观设计。对于演示文稿的每张幻灯片，可利用 PowerPoint 提供的丰富的对象剪辑功能，根据用户的需求设置具有多媒体效果的幻灯片。PowerPoint 提供了具有动态性和交互性的演示文稿放映方式，通过设置幻灯片中对象的动画效果、幻灯片切换方式和放映控制方式，可以更加充分地展示演示文稿的内容和达到预期的目的。演示文稿还可以打包输出和格式转化，以便在未安装 PowerPoint 2016 的计算机上放映演示文稿。

演示文稿是以 pptx 为扩展名的文件，文件由若干张幻灯片组成，按序号从小到大排列，启动 Microsoft PowerPoint 2016，可开始使用 PowerPoint。

2. 启动 PowerPoint

下列方法之一可启动 PowerPoint 应用程序：

方法 1：单击"开始"→"所有程序"→Microsoft Office→Microsoft PowerPoint 2016 命令。

方法 2：双击桌面上的 PowerPoint 快捷方式图标或应用程序图标。

方法 3：双击文件夹中已存在的 PowerPoint 演示文稿文件，启动 PowerPoint 并打开该演示文稿。

使用方法 1 和方法 2，系统将启动 PowerPoint，并在 PowerPoint 窗口中自动生成一个名为"演示文稿 1"的空白演示文稿，如图 5-1 所示；使用方法 3 将打开已存在的演示文稿，在此也可以新建空白演示文稿。

图 5-1　空白演示文稿

3. 打开已存在的演示文稿

双击文件夹中已存在的 PowerPoint 演示文稿文件，在启动 PowerPoint 的同时，也打开了该演示文稿，单击大纲浏览窗口中的某幻灯片，即可在幻灯片窗口中显示该幻灯片，并可进行编辑。

4. 退出 PowerPoint

下列方法之一可退出 PowerPoint 应用程序：

方法 1：双击窗口快速访问工具栏左端的控制菜单"关闭"图标按钮。

方法 2：单击"文件"选项卡"退出"命令。

方法 3：按 Alt+F4 组合键。

退出时系统会弹出对话框，要求用户确认是否保存对演示文稿的编辑工作，选择"保存"则存盘退出，选择"不保存"则退出但不存盘。

📖知识链接

PowerPoint 是 Microsoft 公司推出的办公软件 Office 系列的一个组件，简称 PPT。可以利用文字、图形、声音、动画或视频等多媒体数据信息制作出个人简历、答辩论文、电子教案、贺卡、奖状及电子相册等丰富的演示文稿，并能够通过计算机屏幕、Internet、投影仪等将其展现出来。

【任务操作 2】认识 PowerPoint 2016 窗口的组成。

PowerPoint 的功能是通过其窗口实现的。启动 PowerPoint 即打开 PowerPoint 应用程序工作窗口，如图 5-2 所示。工作窗口由快速访问工具栏、标题栏、选项卡、功能区、大纲缩览窗格、幻灯片窗格、备注窗格、状态栏、视图按钮、显示比例按钮等部分组成。

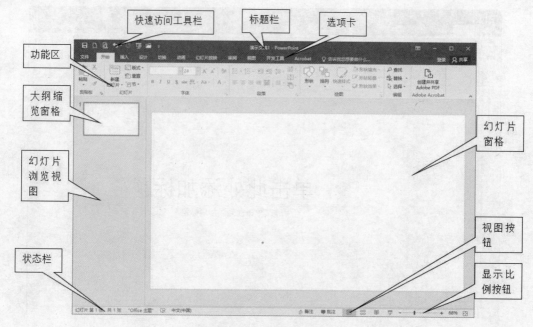

图 5-2　PowerPoint 工作窗口

（1）快速访问工具栏。快速访问工具栏位于窗口的左端，通常由以图标形式提供的"保存""撤消键入""重复适应文字""打开"和"新建"等按钮组成，便于快速访问。利用工具栏右侧的"自定义快速访问工具栏"按钮，用户可以增加或更改按钮。

（2）标题栏。标题栏位于窗口顶部，显示当前演示文稿文件名，右侧有"最小化"按钮、"最大化/向下还原"按钮和"关闭"按钮。标题栏的下面是"功能区最小化"按钮，单击该按钮可隐藏功能区内的命令，仅显示功能区选项卡上的名称。拖动标题栏可移动窗口，双击标题栏可最大化或还原窗口。

（3）选项卡。选项卡位于标题栏的下面，通常有"文件""开始""插入""设计""切换""动画""幻灯片放映""审阅""视图" 9 个不同类别的选项卡。选项卡下含有多个命令组，根据操作对象的不同，还会增加相应的选项卡，称为"上下文选项卡"。例如，只有在幻灯片插入某一图片，选择该图片的情况下才会显示"图片工具"选项卡。利用这些选项卡及其下面的命令组可以进行绝大多数 PowerPoint 操作。

（4）功能区。功能区位于选项卡的下面，当选中某选项卡时，其对应的多个命令组出现在其下方，每个命令组内含有若干命令。例如，单击"开始"选项卡，其功能区包含"剪贴板""幻灯片""字体""段落""绘图""编辑"等命令组。

（5）演示文稿编辑区。演示文稿编辑区位于功能区下方，包括左侧的幻灯片/大纲缩览窗格、右侧上方的幻灯片窗格和右侧下方的备注窗格。拖动窗格之间的分界线或显示比例按钮可以调整各窗格的大小。幻灯片窗格显示当前幻灯片，用户可以在此编辑幻灯片的内容。备注窗格中可以添加与幻灯片有关的注释内容。

1）大纲缩览窗格可以显示各幻灯片缩略图。单击某幻灯片缩略图，将立即在幻灯片窗格中显示该幻灯片。利用大纲缩览窗格可以重新排序、添加或删除幻灯片。在"大纲"

选项卡中，可以显示各幻灯片的标题与正文信息。在幻灯片中编辑标题或正文信息时，大纲缩览窗格也同步变化。

2）幻灯片窗格显示幻灯片的内容，包括文本、图片、表格等各种对象，在该窗口可编辑幻灯片内容。

3）备注窗格用于标注对幻灯片的解释、说明等备注信息，供用户参考。

在普通视图下，三个窗格同时显示在演示文稿编辑区，用户可从不同角度编辑演示文稿。

（6）视图按钮。视图按钮提供了当前演示文稿的不同显示方式，共有"普通视图""幻灯片浏览""阅读视图"和"幻灯片放映"4 个按钮，单击某个按钮就可以方便地切换到相应视图。例如在普通视图下可以同时显示幻灯片窗格、大纲缩览窗格和备注窗格，而在"幻灯片放映"视图下可以放映当前幻灯片或演示文稿。用户也可以选择"视图"选项卡下的命令组转换视图模式。

（7）显示比例按钮。显示比例按钮位于视图按钮右侧，单击该按钮，可以在弹出的"显示比例"对话框中选择幻灯片的显示比例，拖动其右方的滑块，也可以调节显示比例。

（8）状态栏。状态栏位于窗口底部左侧，在不同的视图模式下显示的内容略有不同，主要显示当前幻灯片的序号、当前演示文稿幻灯片的总张数、幻灯片主题和输入法等信息。

任务 1.2 演示文稿的视图模式

【任务目标】本任务要求学生掌握演示文稿中不同视图的作用及视图的切换方式。

【任务操作】PowerPoint 演示文稿的视图模式。

PowerPoint 提供了编辑、浏览和观看幻灯片的多种视图模式，以便用户根据不同的需求使用，主要包括普通视图、幻灯片浏览视图、备注页视图、阅读视图 4 种方式。

利用"视图"选项卡下"演示文稿视图"命令组，即可在 4 种视图之间切换。

新建"计算机应用基础"演示文稿，添加 4 张幻灯片，在第一张输入文字"计算机应用基础"，在第二张输入文字"计算机的发展、分类与组成"，第三张和第四张空白。

1. 普通视图

普通视图是默认的视图模式，在该视图模式下用户可方便地编辑和查看幻灯片的内容，添加备注内容等。

在普通视图模式下，窗口由 3 个窗口组成：左侧的大纲缩览窗格、右侧上方的幻灯片窗格和右侧下方的备注窗格，之前所进行的大部分操作是在普通视图模式下进行的。

2. 幻灯片浏览视图

幻灯片浏览视图模式可以以全局的方式浏览演示文稿中的幻灯片，可在右侧的幻灯片窗格同时显示多张幻灯片缩略图，便于进行多张幻灯片顺序的编排，方便进行新建、复制、移动、插入和删除幻灯片等操作；还可以设置幻灯片的切换效果并预览。单击"视图"选项卡下的"幻灯片浏览视图"，即可切换到"幻灯片浏览视图"，如图 5-3 所示。

图 5-3　幻灯片浏览视图

3. 备注页视图

备注页视图与其他视图不同的是在显示幻灯片的同时在其下方显示备注页，用户可以输入或编辑备注页的内容，在该视图模式下，备注页上方显示的是当前幻灯片的内容缩览图，用户无法对幻灯片的内容进行编辑，下方的备注页为占位符，用户可向占位符中输入内容，为幻灯片添加备注信息，如图 5-4 所示。

图 5-4　备注页视图

在备注页视图下，按 PageUp 键可上移一张幻灯片，按 PageDown 键可下移一张幻灯片，拖动页面右侧的垂直滚动条，可定位到所需的幻灯片上。

4．阅读视图

阅读视图可将演示文稿作为适应窗口大小的幻灯片放映查看，视图只保留幻灯片窗格、标题栏和状态栏，其他编辑功能被屏蔽，用于幻灯片制作完成后的简单放映浏览，查看内容和幻灯片设置的动画和放映效果，如图 5-5 所示。通常是从当前幻灯片开始阅读，单击可以切换到下一张幻灯片，直到放映最后一张幻灯片后退出阅读视图。阅读过程中可随时按 Esc 键退出，也可以单击状态栏右侧的其他视图按钮，退出阅读视图并切换到其他视图。

图 5-5　阅读视图

任务 1.3　演示文稿的基本操作

【任务目标】本任务要求学生掌握演示文稿的新建以及幻灯片的插入、删除和编辑等操作。

【任务操作 1】新建演示文稿。

新建演示文稿主要采用如下几种方式：新建空白演示文稿，根据主题、根据模板和根据现有演示文稿创建等。

使用新建空白演示文稿方式，可以创建一个没有任何设计方案和示例文本的空白演示文稿，根据自己需要选择幻灯片版式开始演示文稿的制作。主题是事先设计好的一组演示文稿的样式框架，规定了演示文稿的外观样式，包括母版、配色、文字格式等，用户可直接在系统提供的各种主题中选择一个最适合自己的主题创建一个该主题的演示文稿，使整个演示文稿外观一致。模板是预先设计好的演示文稿样本，一般有明确用途，PowerPoint 系统提供了丰富多彩的模板。使用现有演示文稿方式，可以根据现有演示文稿的风格样式建立新演示文稿，此方法可快速创建与现有演示文稿类似的演示文稿，适当修改完善即可。本节只介绍新建空白演示文稿，其他方式在后面介绍。

1. 建立新演示文稿

可选择以下方法新建演示文稿：

方法 1：启动 PowerPoint 系统自动建立新演示文稿，默认命名为"演示文稿1"，用户可以在保存演示文稿时重新命名。

方法 2：单击"文件"选项卡中的"新建"命令，在"可用的模板和主题"下，双击"空白演示文稿"。

2. 保存演示文稿

可选择以下方法保存演示文稿。

方法 1：单击"文件"选项卡中的"保存"或"另存为"命令，在此，可以重新命名演示文稿及选择存放的文件夹。

方法 2：单击功能区的"保存"按钮。

【任务操作2】幻灯片版式应用。

PowerPoint 提供了多个幻灯片版式供用户根据内容需要选择，幻灯片版式确定了幻灯片内容的布局，在"计算机应用基础"演示文稿窗口中，选择"开始"选项卡"幻灯片"组的"版式"命令，可为当前幻灯片选择版式，如图 5-6 所示，主要有"标题幻灯片""标题和内容""节标题""两栏内容""比较""仅标题""空白""内容与标题""图片与标题""标题和竖排文字""竖排标题与文本"等，对于新建的空白演示文稿，默认的版式是"标题幻灯片"。

图 5-6　幻灯片版式

确定了幻灯片的版式后，即可在相应的栏目和对象框内添加文本或插入图片、表格、图形、图表、媒体剪辑等内容，图 5-7 为"两栏内容"幻灯片版式。

图 5-7 "两栏内容"版式

【任务操作3】插入和删除幻灯片。

演示文稿建立后，通常需要多张幻灯片表达用户的内容。

若要插入或删除幻灯片，首先要选中当前幻灯片，它代表插入位置，新幻灯片将插在当前幻灯片后面，删除幻灯片将删除该幻灯片。

1. 选中幻灯片

在大纲缩览窗格中，单击某幻灯片即选中该幻灯片。选中某当前幻灯片的同时按住 Shift 键可连续选中多张幻灯片；按住 Ctrl 键单击幻灯片可选择不连续的幻灯片。

2. 插入幻灯片

可插入新幻灯片，也可插入当前幻灯片的副本。前者将插入一张新的幻灯片，需确定版式等内容；后者直接复制某幻灯片作为新的插入幻灯片，可保留原有的格式，也可重新设定和编辑内容，用以下方法可插入新幻灯片。

方法 1：在大纲缩览窗格选中当前某幻灯片缩略图（新幻灯片将插在该幻灯片之后），单击"开始"选项卡"幻灯片"组中的"新建幻灯片"下拉按钮，从出现的幻灯片版式列表中选择一种版式，则在当前选中幻灯片后出现新插入的指定版式幻灯片。

方法 2：在大纲缩览窗格右击当前某幻灯片缩略图，在弹出菜单中选择"新建幻灯片"命令，则在当前选中幻灯片后面插入一张新幻灯片，如图 5-8 所示。

方法 3：在幻灯片浏览视图模式下，移动光标到需插入幻灯片的位置，当出现黑色竖线时，右击，在弹出的快捷菜单中选择"新建幻灯片"命令，也可在当前位置插入一张新幻灯片。

3. 删除幻灯片。

在大纲缩览窗格选中当前幻灯片缩略图，按 Delete 键；也可以右击目标幻灯片缩略图，在出现的快捷菜单中选择"删除幻灯片"命令；或在幻灯片浏览视图模式下按 Delete 键，均可删除当前幻灯片。若删除多张幻灯片，先选中这些幻灯片，然后按 Delete 键。

图 5-8　插入新幻灯片

【任务操作 4】编辑幻灯片信息。

PowerPoint 为幻灯片提供了丰富的可编辑的信息，可在系统提供的版式、模板等样式下编辑信息，包括文本、图片、表格、图形、图表、媒体剪辑等，用户可自行设计幻灯片布局，达到满意效果，这里主要介绍文本编辑，其他内容在后面介绍。

1. 使用占位符

在普通视图模式下，占位符是指幻灯片中被虚线框起来的部分，当使用了幻灯片版式或设计模板时，每张幻灯片均提供占位符。用户可在占位符内输入文字或插入图片等，一般占位符的文字字体具有固定格式，用户也可以通过选中文本内容更改。

2. 使用文本框

幻灯片中的占位符是一个特殊的文本框，包含预设的格式、出现在固定的位置，用户可对其更改格式、移动位置。除使用占位符外，用户还可以在幻灯片的任意位置绘制文本框，并设置文本格式，展现用户需要的幻灯片布局。

（1）插入文本框。

方法 1：选择"插入"选项卡，单击"文本"组中的"文本框"按钮或单击"文本框"的下拉按钮，可在幻灯片中插入文本框，并输入文本，按 Enter 键可输入多行。

方法 2：选择"插入"选项卡，单击"插图"组中的"形状"按钮，在出现的下拉列表中选择"基本形状"中的图形，可插入文本框，也可插入线条、矩形、箭头等多种图形并输入文本。

（2）设置文本格式。选择"开始"选项卡，单击"字体"组和"段落"组中的命令，可对文本的字体、字号、文字颜色进行设置，可为文本添加项目符号，设置文本行距等。

（3）设置文本框样式和格式。选中某一文本框时，功能区上方会出现"绘图工具/格式"选项卡,如图 5-9 所示,可设置文本框的形状样式和格式,插入艺术字,重新排列文本框等,在此还可插入新的文本框。

图 5-9　"绘图工具/格式"选项卡

选择"绘图工具/格式"选项卡,单击"形状样式"组左侧的下拉列表,可更改形状或线条的外观样式,选择右侧的按钮,可进行形状填充、形状轮廓、形状效果设置。

选择"绘图工具/格式"选项卡,单击"形状样式"组右下侧的按钮或单击"大小"组右下侧的按钮可弹出"设置形状格式"面板,如图 5-10 所示,可进行形状填充、线条颜色、阴影、效果、三维格式、位置等的设置,使幻灯片更富可视性和感染力。

图 5-10　"设置形状格式"面板

选择"绘图工具/格式"选项卡，单击"艺术字样式"组中的按钮，可对已插入的艺术字进行颜色、字体、位置等样式设置。

【任务操作 5】 复制和移动幻灯片。

1. 复制幻灯片

有多种方法可复制幻灯片。

方法 1：在大纲缩览窗格选中某当前幻灯片缩略图，在"开始"选项卡中单击"幻灯片"组的"新建幻灯片"下拉按钮，从出现的列表中单击"复制所选幻灯片"命令，则在当前幻灯片之后插入与当前幻灯片相同的幻灯片。

方法 2：在"开始"选项卡中单击"剪贴板"组的"复制"按钮也可以复制幻灯片。

方法 3：在幻灯片浏览视图模式下，选中某幻灯片，右击，在弹出的快捷菜单中选择"复制"命令也可以复制幻灯片。

2. 移动幻灯片

有两种方法可移动幻灯片。

方法 1：在大纲缩览窗格中选中要移动的幻灯片，按住鼠标左键拖动，到幻灯片目标位置并出现一条虚线时释放鼠标，幻灯片将被移动到该位置。

方法 2：在幻灯片浏览视图模式下，选中某幻灯片，按住鼠标左键拖动也可移动幻灯片。

【任务操作 6】 放映幻灯片。

幻灯片制作完成后，按 F5 键，或单击视图按钮的"幻灯片放映"按钮或利用"幻灯片放映"选项卡中的"开始放映幻灯片"组内的命令均可放映幻灯片。

案例实训

【实训要求】

为更好地介绍计算机基础知识，将前面章节的"计算机应用基础"演示文稿删除，重新创建一个"计算机应用基础"演示文稿。第 1 张幻灯片选择"标题幻灯片"版式，第 2 张幻灯片选择"标题和内容"版式并输入相关内容；新建一张空白幻灯片，插入 5 个文本框，输入相关文字，并添加直线形成结构框，设置 5 个文本框的样式。

【实训步骤】

（1）删除之前的"计算机应用基础"演示文稿，启动 PowerPoint，新建"计算机应用基础"演示文稿。

（2）选择"开始"选项卡，单击"幻灯片"组中的"版式"按钮，在下拉列表中选择"标题幻灯片"版式，在标题栏和副标题栏内输入相关内容，并利用"开始"选项卡中"字体"组内的按钮设置字体格式，如图 5-11 所示。

（3）选中第 1 张幻灯片，选择"开始"选项卡，单击"幻灯片"组中的"新建幻灯片"按钮，选择"标题和内容"版式，则新建一张幻灯片，如图 5-12 所示。

图 5-11　"计算机应用基础"演示文稿

图 5-12　新建一张幻灯片

（4）选择编辑区左侧的大纲缩览窗格，选中第 2 张幻灯片缩略图，输入标题文本和内容文版，如图 5-13 所示，保存该演示文稿。

（5）新建一张版式为"空白"的幻灯片，选择"插入"选项卡，单击"文本"组中的"文本框"按钮，插入一个"横排文本框"，四个"竖排文本框"，填入相应的文字。

（6）选择"开始"选项卡，在"字体"组中设置合适的文本字体和字号。

（7）选择某一文本框，出现"绘图工具/格式"选项卡，单击"绘图"组中的"形状"命令，选择"直线"连接各文本框。

图 5-13　输入文本信息的幻灯片

（8）选择某一文本框，出现"绘图工具/格式"选项卡，单击"绘图"组中的按钮，选择形状，利用"形状填充"按钮填充各文本框，利用"形状效果"按钮设置文本框的效果；选中某一直线，利用"形状轮廓"按钮设置直线的粗细，结果如图 5-14 所示。

图 5-14　设置文本框样式的幻灯片

项目 2 演示文稿的外观设计

 项目分析

本项目要求掌握 PowerPoint 演示文稿中主题的应用，掌握自定义主题，掌握背景的设置，掌握幻灯片母版的使用。

任务 2.1 演示文稿的主题设置

【任务目标】本任务要求学生掌握 PowerPoint 演示文稿中主题的应用及自定义主题。

【任务操作 1】应用主题。

主题是 PowerPoint 应用程序提供的方便演示文稿设计的一种手段，是一种包含背景图形、字体选择及对象效果的组合，一个主题只能包含一种设置。主题作为一套独立的选择方案应用于演示文稿中，可以简化演示文稿的创建过程，使演示文稿具有统一的风格。PowerPoint 提供了大量的内置主题供用户制作演示文稿时使用，用户可直接在主题库中选择使用，也可以通过自定义方式修改主题的颜色、字体和背景，形成自定义主题。

直接使用主题库的主题的方法如下：

（1）使用内置主题。打开演示文稿"计算机应用基础"，选择"设计"选项卡，在"主题"组内显示了部分主题列表，单击主题列表右下角"其他"按钮就可以显示全部内置主题，如图 5-15 所示，将鼠标指针移到某主题，会显示该主题的名称。单击该主题，会按所选主题的颜色、字体和图形外观效果修饰演示文稿。图 5-15 为使用"平面"主题设置的演示文稿。

图 5-15　使用"平面"主题设置的演示文稿

（2）使用外部主题。如果可选的内置主题不能满足用户的需求，可选择外部主题，选择"设计"选项卡，在"主题"组主题列表的下面选择"浏览主题"命令，可使用外部主题，如图 5-16 所示。

图 5-16　选择"浏览主题"命令

若只设置部分幻灯片主题，可选择预设置主题幻灯片，右击该主题，在出现的快捷菜单中选择"应用于选定幻灯片"命令，则所选幻灯片按该主题效果更新，其他幻灯片不变。若选择"应用于所有幻灯片"命令，则整个演示文稿的幻灯片均设置为所选主题。

【任务操作 2】自定义主题设计。

（1）自定义主题颜色。对已应用主题的幻灯片，在"设计"选项卡的"主题"组内单击"颜色"按钮，在颜色列表框中选择一款内置颜色，如图 5-17 所示，幻灯片的标题文字颜色、背景填充颜色、正文文字的颜色也随之改变。

在"设计"选项卡的"主题"组内，单击"颜色"按钮，在下拉列表中选择"自定义颜色"命令，打开"新建主题颜色"对话框，在对话框的"主题颜色"列表中单击某一主题的下拉按钮，打开颜色下拉列表，选择某个颜色将更改主题颜色，如图 5-18 所示，选择"其他颜色"命令，可打开"颜色"对话框进行颜色的自定义。

在"新建主题颜色"对话框中设置某个颜色后，在"名称"文本框中输入当前自定义主题颜色的名称，单击"保存"按钮，幻灯片将应用自定义的主题颜色，该自定义的主题颜色将以所命名的名称存在"主题"组的"颜色"下拉列表中，可再次被使用。

图 5-17　自定义主题颜色设置

图 5-18　"新建主题颜色"对话框

（2）自定义主题字体。自定义主题字体主要是定义幻灯片中的标题字体和正文字体。对已应用主题的幻灯片，在"设计"选项卡的"主题"组内，单击"字体"按钮，在下拉列表中选择一种自带的字体，如图 5-19 所示，单击某字体即将该字体应用于演示文稿中，此时，标题和正文是同一种字体。

图 5-19 自定义主题字体设置

也可以对标题字体和正文字体分别进行设置，新建主题字体。在"设计"选项卡的"主题"组内，单击"字体"按钮，在下拉列表中选择"自定义字体"命令，打开"新建主题字体"对话框，如图 5-20 所示，在"标题字体"和"正文字体"下拉列表中分别选择预设置的字体，在"名称"文本框内输入字体方案的名称，单击"保存"按钮，演示文稿中标题和正文字体按新方案设置，同时，"字体"下拉列表的"自定义"中出现新建主题字体名称，如"自定义 1"，可再次被使用，如图 5-21 所示。

图 5-20 "新建主题字体"对话框

图 5-21 "自定义"列表中显示新建字体方案

（3）自定义主题背景。幻灯片的主题背景通常是预设的背景格式，与内置主题一起供用户使用，用户也可以对主题的背景样式进行重新设置，创建符合演示文稿内容要求的背景填充样式。

在"设计"选项卡的"背景"组内，单击"背景样式"按钮，在下拉列表中选择一款适合的背景样式，如图 5-22 所示，将光标移至该背景样式处会显示该样式的名称，如选择"样式 10"，即可应用到演示文稿中。

图 5-22 主题样式背景设置

　　用户也可以重新对背景颜色、填充方式、图案和纹理等进行设置。在"设计"选项卡的"自定义"组内单击"设置背景格式"按钮，打开"设置背景格式"面板，如图 5-23 所示。图 5-24 是设置背景格式后的演示文稿。

图 5-23　"设置背景格式"面板

图 5-24　设置背景格式后的演示文稿

（4）改变背景样式。PowerPoint 为每个主题提供了 12 种背景样式，用户可以选择一种样式快速改变演示文稿中幻灯片的背景，既可以改变演示文稿所有幻灯片的背景，也可以只改变所选幻灯片的背景。通常情况下，从列表中选择一种背景样式，则演示文稿全体幻灯片均采用该背景样式。若只希望改变部分幻灯片的背景，则应先选中这些幻灯片，然后右击选择背景样式，在出现的选项中选择"应用于所选幻灯片"命令，则选定的幻灯片采用该背景样式，而其他幻灯片不变。背景样式设置可以改变设有主题的幻灯片主题背景，也可以为未设主题的幻灯片添加背景，下面详细介绍背景样式设置。

任务 2.2　演示文稿的背景设置

【任务目标】本任务要求学生掌握 PowerPoint 演示文稿中背景的颜色设置、图案填充、纹理填充及图片填充。

【任务操作】背景设置。

背景样式设置功能可用于设置主题背景，也可用于无主题设置的幻灯片背景，用户可自行设计一种幻灯片背景，满足自己的演示文稿个性化要求。背景设置利用"设置背景格式"面板完成，主要是对幻灯片背景的颜色、图案和纹理等进行调整，包括改变背景颜色、图案填充、纹理填充和图片填充等方式，以下背景设置同样可用于主题的背景设置。

1. 背景颜色设置

背景颜色设置有"纯色填充"和"渐变填充"两种方式。"纯色填充"是选择单一颜色填充背景，而"渐变填充"是将两种或更多种填充颜色逐渐混合在一起，以某种渐变方式从一种颜色逐渐过渡到另一种颜色。

（1）在演示文稿中，打开"设置背景格式"面板，单击的"填充"选项，提供两种背景颜色填充方式："纯色填充"和"渐变填充"。

1）若选择"纯色填充"单选按钮，单击"颜色"右侧的下拉按钮，在下拉列表中选择背景填充颜色。拖动"透明度"滑块，可以改变颜色的透明度，直到满意为止；用户也可以单击"其他颜色"项，从"颜色"对话框中选择或按 RGB 颜色模式自定义背景颜色。

2）若选中"渐变填充"单选按钮，可以选择预设颜色填充，也可以自己定义渐变颜色填充。

- 预设颜色填充背景：单击"预设渐变"下拉按钮，在出现的预设渐变颜色列表中选择一种，例如"底部聚光灯-个性色 1"等。
- 自定义渐变颜色填充背景：在"类型"下拉列表中选择渐变类型，如"矩形"；在"方向"下拉列表中选择渐变方向，如"从左下角"；在"渐变光圈"下，出现与所需颜色个数相等的渐变光圈个数，也可单击"添加渐变光圈"或"删除渐变光圈"按钮增加或减少渐变光圈；每种颜色都有一个渐变光圈，单击某一个渐变光圈，在"颜色"下拉列表中可以改变颜色，拖动渐变光圈位置也可以调节该渐变颜色，如需要，还可以调节颜色的"亮度"或"透明度"，如图 5-25 所示。

图 5-25 背景颜色填充设置

（2）单击"关闭"按钮，则所选背景颜色应用于当前幻灯片；若单击"全部应用"按钮，则应用于所有幻灯片的背景。若单击"重置背景"按钮，则撤消本次设置，恢复设置前状态。图 5-26 是预设颜色为"底部聚光灯-个性色 1"，类型为"矩形"，方向为"从左下角"进行渐变填充后的演示文稿。

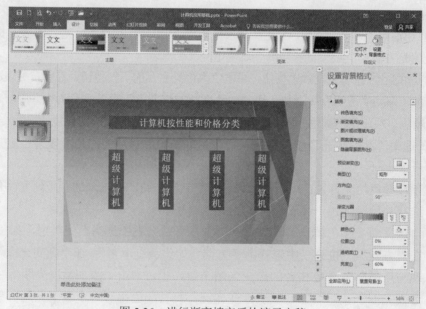

图 5-26 进行渐变填充后的演示文稿

2. 图案填充

打开"设置背景格式"对话框，单击"填充"项，选择"图案填充"单选按钮，在出现的图案列表中选择所需图案，如"实心菱形"。通过"前景"和"背景"栏可以自定义图案的前景色和背景色，单击"关闭"（或"全部应用"）按钮，则所选图案成为幻灯片背景，图 5-27 为设置了"实心菱形"图案背景的演示文稿。

图 5-27　设置图案背景的演示文稿

3. 纹理填充

打开"设置背景格式"面板，单击"填充"项，选中"图片或纹理填充"单选按钮，单击"纹理"右侧的下拉按钮，在出现的各种纹理列表中选择所需纹理，如"鱼类化石"，单击"关闭"（或"全部应用"）按钮，则所选纹理成为幻灯片背景，图 5-28 为设置了"鱼类化石"纹理填充后的演示文稿。

图 5-28　设置纹理填充的演示文稿

4. 图片填充

打开"设置背景格式"面板，单击"填充"项，选择"图片或纹理填充"单选按钮，在"插入图片来自"栏单击"文件"按钮，在弹出的"插入图片"对话框中选择所需图片文件，并单击"插入"按钮，回到"设置背景格式"面板，单击"关闭"（或"全部应用"）按钮，则所选图片成为幻灯片背景，图5-29为设置了"航天飞机"图片背景填充的演示文稿。

图 5-29　设置图片填充的演示文稿

也可以选择剪贴画或剪贴板中的图片填充背景；若已经设置主题，则所设置的背景可能被主题背景图形覆盖，此时可以在"设置背景格式"面板中勾选"隐藏背景图形"复选框。

任务 2.3　演示文稿中幻灯片母版的制作

【任务目标】本任务要求学生掌握 PowerPoint 演示文稿中幻灯片母版的制作。

【任务操作】幻灯片母版制作。

演示文稿通常应具有统一的外观和风格，体现用户的信息等，通过设计、制作和应用幻灯片母版也可以快速实现这一要求。母版中包含了幻灯片中共同出现的内容及构成要素，如标题、文本、日期、背景等，用户可直接使用这些之前由用户设计好的格式创建演示文稿。制作幻灯片母板的方法如下：

（1）打开演示文稿，在"视图"选项卡下，单击"母版视图"命令组内的"幻灯片母版"按钮，进入幻灯片母版视图，如图5-30所示。

（2）在幻灯片母版视图中，左侧的窗格显示不同类型的幻灯片母版缩略图，如选择"标题幻灯片"母版，显示在右侧的编辑区中并可进行编辑。

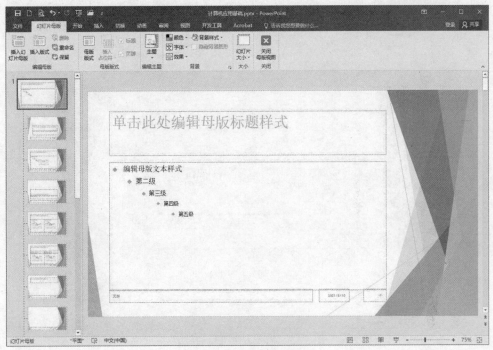

图 5-30　幻灯片母版视图

（3）选择标题占位符可以修改主标题的字体和颜色，如修改为"华文中宋"，选择副标题占位符也可以修改副标题的字体和颜色，单击"幻灯片母版"选项卡下"母版版式"组的"插入占位符"按钮，如图 5-31 所示，插入可选的占位符，并调整到幻灯片上适当位置，插入占位符后的母版如图 5-32 所示。

图 5-31　插入占位符设置

图 5-32　插入占位符后的母版

（4）选择左侧窗格中的"平面幻灯片母版"，删除底部占位符，如图 5-33 所示。单击"幻灯片母版"选项卡下的"母版版式"组的"母版版式"按钮，打开"母版版式"对话框，可添加相应的占位符。单击"关闭母版视图"按钮，关闭该视图模式，此时，切换到普通视图模式即可使用该母版。

图 5-33　添加占位符后的母版

（5）保存演示文稿为"PowerPoint 模板"文件，再次打开该文件，在普通视图模式下可使用该模板。

利用"插入"选项卡"图像"组的"图片"按钮可以插入图片背景，利用"格式"选项卡下的"排列"组的命令调整图片层次，对幻灯片母版进行背景设置。

利用"幻灯片母版"选项卡"编辑母版"组的按钮可以为幻灯片添加版式、重命名母版、删除版式等。

项目 3　幻灯片中的对象编辑

 项目分析

本项目要求掌握幻灯片中形状、图片、表格、图表、SmartArt 图形、音频和视频以及艺术字的插入、编辑和使用。

任务 3.1　幻灯片中对象的插入、编辑和使用

【任务目标】本任务要求学生掌握幻灯片中各种对象的插入、编辑和使用的方法。

【任务操作 1】使用形状。

PowerPoint 演示文稿中不仅包含文本，还可以插入形状与图片、表格与图表、声音与视频及艺术字等媒体对象，合现地使用这些对象，可以使演示文稿达到意想不到的效果。

利用"插入"选项卡下的"插图"组内的"形状"按钮，可以使用各种形状，通过组合多种形状，可以绘制出能更好表达思想和观点的图形。可用的形状包括线条、基本形状、箭头总汇、公式形状、流程图、星与旗帜、标注和动作按钮等。

插入形状有两个途径：在"插入"选项卡"插图"组单击"形状"按钮或者在"开始"选项卡"绘图"组中单击"形状"列表右下角"其他"按钮，就会出现各类形状的列表，如图 5-34 所示。

1. 绘制图形

（1）插入形状、输入文本：在演示文稿中插入一张版式为"空白"的幻灯片，在空白处插入一矩形，选中该矩形，拖动矩形边框上的控点，可调整矩形大小，右击，在弹出的快捷菜单中选择"编辑文字"，输入"计算机系统的分类"，如图 5-35 所示；拖动控点，可以旋转矩形，若按下 Shift 键拖动鼠标可以画出标准正方形。

（2）改变矩形形状：选中该矩形，右击，在弹出的快捷菜单中选择"编辑顶点"，拖动矩形边框控点，可以改变矩形形状。

（3）改变形状样式：选中该矩形，选择"绘图工具/格式"选项卡下的"形状样式"组可以进行形状填充设置、形状轮廓设置、形状效果设置，如图 5-36 所示。图 5-37 为改变了形状和样式的矩形。

图 5-34　"形状"下拉列表

图 5-35　插入"矩形"形状

图 5-36　形状样式设置

图 5-37　改变了形状和样式的矩形

　　形状样式改变包括线条的线型（实或虚线、粗细）、颜色等，封闭形状内部填充颜色、纹理、图片等，形状的阴影、映像、发光、柔化边缘、棱台、三维旋转等形状效果，具体操作如下：

　　1）套用形状样式。PowerPoint 提供许多预设的形状样式。选择要套用样式的形状，单击"绘图工具/格式"选项卡"形状样式"组列表右下角的"其他"命令，在下拉列表中提供了 42 种样式供选择，选择其中一个样式，则改变形状样式。

　　2）自定义形状线条的线型和颜色。选择形状，然后单击"绘图工具/格式"选项卡"形状样式"组"形状轮廓"下拉按钮，在下拉列表中可以修改线条的颜色、粗细、实线或虚线等，也可以取消形状的轮廓线。

　　3）设置封闭形状的填充颜色和填充效果。选择封闭形状，可以在其内部填充指定的颜色，还可以利用渐变、纹理、图片来填充形状。选择要填充的封闭形状，单击"绘图工具/格式"选项卡"形状样式"组"形状填充"下拉按钮，在下拉列表中可以设置形状内部填充的颜色，也可以用渐变、纹理、图片来填充形状。

　　4）设置形状的效果。选择要设置效果的形状，单击"绘图工具/格式"选项卡"形状样式"组的"形状效果"按钮，在下拉列表中将鼠标指针移至"预设"项，其中有 12 种预设效果，还可对形状的阴影、映像、发光柔化边缘、棱台、三维旋转等方面进行适当设置。

　　2. 组合形状

　　当幻灯片中有多个形状时，有些形状之间存在着一定的关系，有时需要将有关的形状作为整体进行移动、复制或改变大小，把多个形状组合成一个形状，称为形状的组合，将组合形状恢复为组合前状态，称为取消组合。

　　（1）组合形状。选择要组合的各形状，即按住 Shift 键并依次单击要组合的每个形状，使每个形状周围出现控点；单击"绘图工具/格式"选项卡"排列"组的"组合对象"按钮，并在出现的下拉列表中选择"组合"命令，所选的形状即成为一个整体，独立形状有各自的边框，而组合形状是一个整体组合形状，也有一个边框。组合形状可以作为一个整体进行移动、复制和改变大小等操作。

（2）取消组合。选中组合形状，单击"绘图工具/格式"选项卡"排列"组的"组合"按钮，并在下拉列表中选择"取消组合"命令，此时，组合形状恢复为组合前的几个独立形状，图 5-38 为将幻灯片中的 5 个矩形和 6 条直线组合后的形状。

图 5-38　组合形状后的幻灯片

【任务操作 2】使用图片。

在幻灯片中使用图片可以使演示效果变得更加生动直观，可以插入的图片主要有两类：第一类是剪贴画，在 Office 套装软件中自带有各类剪贴画，供用户使用；第二类是以文件形式存在的图片，用户也可以使用平时收集的图片文件，以美化幻灯片。

插入图片、剪贴画有两种方式：第一种是采用功能区按钮；另一种是单击幻灯片内容区占位符中剪贴画或图片的图标，对插入的图片还可以改变其样式。

1．插入图片（或剪贴画）

方法 1：插入新幻灯片并选择"标题和内容"版式（或其他具有内容区占位符的版式），单击内容区"图片"图标，打开相应的文件夹选择图片并插入。如果是插入剪贴画，则右侧出现"剪贴画"窗格，搜索剪贴画并插入，并在幻灯片上调节图片的大小即可。如图 5-39 所示为插入图片操作，插入图片后的幻灯片如图 5-40 所示。

方法 2：单击"插入"选项卡"图像"组的"剪贴画"或"图像"按钮，右侧出现"剪贴画"窗格，单击"搜索"按钮，下方出现各种剪贴画，从中选择合适的剪贴画插入即可。也可以在"搜索文字"栏输入搜索关键字或输入剪贴画的完整或部分文件名，如 computers，再单击"搜索"按钮，则只搜索与关键字相匹配的剪贴画供选择。为减少搜索范围，可以在"结果类型"栏指定搜索类型（如插图、照片等），单击选中的剪贴画插入到幻灯片，调整剪贴画大小和位置即可。

图 5-39　插入图片操作

图 5-40　插入后的幻灯片图片

以同样的方法，单击"插入"选项卡"图像"组的"图片"按钮，出现"插入图片"对话框，在对话框左侧选择存放目标图片文件的文件夹，在右侧选择满意的图片文件，然后单击"插入"按钮，该图片插入到当前幻灯片中。

2. 改变图片表现形式

（1）调整图片的大小和位置。插入的图片或剪贴画的大小和位置可能不合适，可以选中该图片，用鼠标拖动控点来大致调节图片的大小和位置。

精确定义图片大小和位置的方法：选择图片，在"图片工具/格式"选项卡"大小"组中单击右下角的"大小和位置"按钮，出现"设置图片格式"面板，如图 5-41 所示。单击"大小"项，在"高度"和"宽度"调节框中输入图片的高和宽数值。单击"位置"项，输入左上角距幻灯片边缘的水平和垂直位置坐标，即可确定图片的精确位置。

图 5-41　"设置图片格式"面板

（2）旋转图片。旋转图片能使图片按要求向不同方向倾斜，可手动粗略旋转，也可精确旋转指定角度。

1）手动旋转图片的方法：选中要旋转的图片，图片四周出现控点，拖动上方绿色控点即可大致随意旋转图片。

2）精确旋转图片的方法：若要精确到度数旋转（例如：将图片顺时针旋转 29 度），可以利用"设置图片格式"功能实现。选中图片，在"图片工具/格式"选项卡"排列"组单击"旋转"按钮，在下拉列表中选择"向右旋转 90°""向左旋转 90°""垂直翻转""水平翻转"等。还可以选择下拉列表中的"其他旋转选项"，弹出"设置图片格式"面板，在"旋转"调节框中输入要旋转的角度。正度数表示顺时针旋转，负度数表示逆时针旋转。例如，要顺时针旋转 29 度，输入"29"；输入"-29"则逆时针旋转 29 度。

（3）用图片样式美化图片。图片样式就是各种图片外观格式的集合，使用图片样式可以使图片快速美化，系统内置了 28 种图片样式供选择。选择幻灯片并选中要改变样式的图片，在"图片工具/格式"选项卡"图片样式"组中显示若干图片样式列表，如图 5-42 所示，如选择"金属椭圆"，图片样式发生了变化，如图 5-43 所示。

图 5-42　"设置快速样式"操作

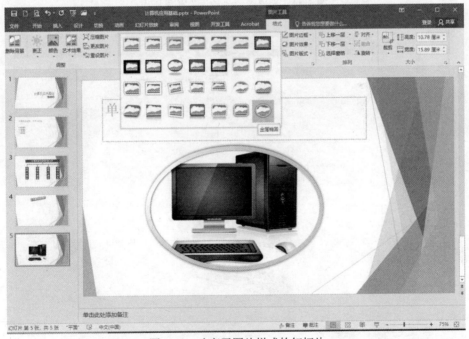

图 5-43　改变了图片样式的幻灯片

（4）增加图片特定效果。通过设置图片的阴影、映像、发光等特定视觉效果可以使图片更加美观，富有感染力。系统提供 12 种预设效果，用户还可自定义图片效果。

1）使用预设效果的方法：选择要设置效果的图片，单击"图片工具/格式"选项卡"图片样式"组的"图片效果"按钮，在出现的下拉列表中将鼠标指针移至"预设"项，显示

12 种预设效果，如图 5-44 所示，从中选择一种（如"预设 9"），效果如图 5-45 所示。

图 5-44 设置图片"预设"效果操作

图 5-45 改变了图片效果的幻灯片

2）自定义图片效果的方法：用户可对图片的阴影、映像、发光、柔化边缘、棱台、三维旋转等进行适当设置，以达到满意的图片效果。选中要设置效果的图片，单击"图片工具/格式"选项卡"图片样式"组的"图片效果"下拉按钮，在展开的下拉列表中可选"阴影""映像""发光""柔化边缘""棱台""三维旋转"等，达到自定义图片效果的目的，如图 5-46 所示。

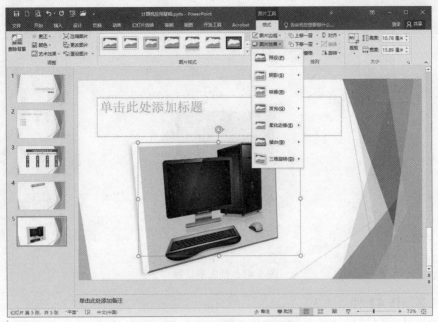

图 5-46　自定义图片效果操作

【任务操作 3】使用表格。

在幻灯片中除了使用文本、形状、图片外，还可以插入表格等对象，表格应用十分广泛，可直观表达数据。

1. 插入表格

方法 1：插入新幻灯片并选择"标题和内容"版式（或其他具有内容区占位符的版式），单击内容区"插入表格"图标，出现"插入表格"对话框，输入表格的行数和列数后即可创建指定行列的表格

方法 2：选择要插入表格的幻灯片，单击"插入"选项卡"表格"组"表格"按钮，在弹出的下拉列表中单击"插入表格"命令，出现"插入表格"对话框，输入要插入表格的行数和列数，单击"确定"按钮，出现一个指定行列的表格，拖动表格的控点，可以改变表格的大小，拖动表格边框可以定位表格。

行列较少的小型表格也可以快速生成，方法是单击"插入"选项卡"表格"组"表格"按钮，在弹出的下拉列表顶部的示意表格中拖动鼠标，顶部显示当前表格的行列数，与此同时幻灯片中也同步出现相应行列的表格，如图 5-47 所示。创建表格后，就可以输入表格内容了。

2. 编辑表格

表格制作完成后，可以修改表格，包括设置文本对齐方式，调整表格大小和行高、列宽，插入和删除行（列），合并与拆分单元格等。选择欲编辑表格的行或列或表格区域，利用"表格工具/设计"和"表格工具/布局"选项卡下的各命令组可以完成相应的操作。

图 5-47　插入表格操作

【任务操作 4】使用图表。

在幻灯片中还可以使用 Excel 提供的图表功能在幻灯片中嵌入 Excel 图表和相应的表格。

方法 1：插入新幻灯片并选择"标题和内容"版式（或其他具有内容区占位符的版式），单击内容区"插入图表"图标，出现"插入图表"对话框，如图 5-48 所示，即可按照 Excel 的操作方式插入图表。

图 5-48　"插入图表"对话框

方法 2：选择要插入表格的幻灯片，单击"插入"选项卡"插图"组"图表"按钮，弹出"插入图表"对话框，按照 Excel 的操作方式插入图表即可。

确定欲插入的图表后，会进入 Excel 应用程序，编辑 Excel 表格数据，相应的图即显示在幻灯片上，具体按 Excel 操作方式，这里不再赘述。

【任务操作 5】使用 SmartArt 图形。

SmartArt 图形是 PowerPoint 2016 提供的新功能，是一种智能化的矢量图形，它是已经组合好的文本框和形状、线条，利用 SmartArt 图形可以快速在幻灯片中插入功能性强的图形，表达用户的思想。PowerPoint 提供的 SmartArt 图形类型有列表、流程、循环、层次结构、关系矩阵、棱锥图、图片等。

1. 插入 SmartArt 图形

方法 1：插入新幻灯片并选择"标题和内容"版式（或其他具有内容区占位符的版式），单击内容区"插入 SmartArt 图形"图标，打开"选择 SmartArt 图形"对话框，如图 5-49 所示，选择所需的类型，单击需要的插入图形即可插入，图 5-50 为插入"垂直曲型列表"图形后的幻灯片。

图 5-49 "选择 SmartArt 图形"对话框

方法 2：选择要插入 SmartArt 图形的幻灯片，单击"插入"选项卡"插图"组"SmartArt 图形"按钮，打开"选择 SmartArt 图形"对话框。

2. 编辑 SmartArt 图形

（1）添加图形。选中 SmartArt 图形的某一形状，在功能区出现"SmartArt 工具/设计"和"SmartArt 工具/格式"选项卡，选择"SmartArt 工具/设计"选项卡，在"创建图形"组中单击"添加图形"命令，在所选形状的后面添加了一个相同的形状。

（2）编辑文本和图片。选中幻灯片中的 SmartArt 图形，单击图形的左侧小三角，出现文本窗口，可为形状添加文本，或选中某一形状也可以进行文本编辑。

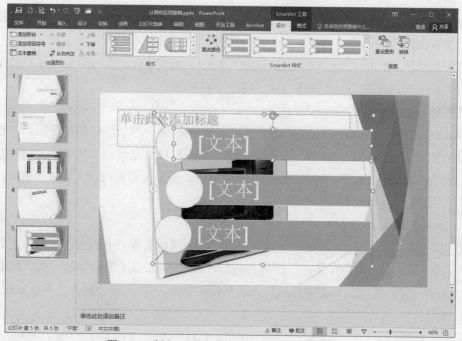

图 5-50　插入"垂直曲型列表"图形后的幻灯片

（3）使用 SmartArt 图形样式。选择"SmartArt 工具/设计"选项卡，在"版式"组中可以重新选择图形，在"SmartArt 样式"组利用"更改颜色"可以为图形选定颜色，利用"快速样式"列表可选择一种样式，图 5-51 为添加文本内容，设置"彩色-个性色""砖块场景"快速样式后的幻灯片。

图 5-51　设计 SmartArt 图形样式后的幻灯片

（4）重新设计 SmartArt 图形样式。选择"SmartArt 工具/格式"选项卡，利用"形状样式"组的按钮可以对图形形状的颜色、轮廓、效果等重新进行设计。

【任务操作 6】使用音频和视频。

在 PowerPoint 幻灯片中可以插入一些简单的声音和视频文件。

选中要插入声音的幻灯片，选择"插入"选项卡，单击"媒体"组的"音频"下拉按钮，可以选择"PC 上的音频"或"录制音频"。插入声音后，幻灯片中会出现声音图标，还会出现声音控制栏，单击控制栏上的"播放"图标按钮，可以预览声音效果，如图 5-52 所示。外部的声音文件可以是 MP3 文件、WAV 文件、WMA 文件等。

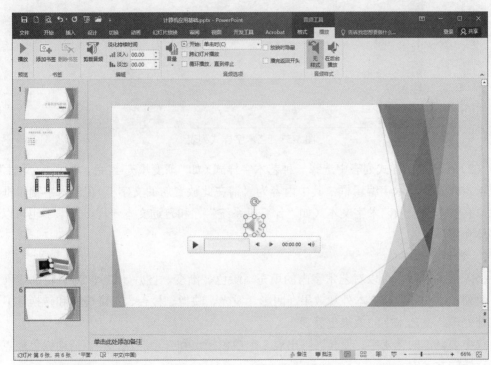

图 5-52 插入声音后的幻灯片

选中要插入视频的幻灯片，选择"插入"选项卡，单击"媒体"组的"视频"下拉按钮，可以选择"联机视频"或"PC 上的视频"。

【任务操作 7】使用艺术字。

PowerPoint 提供对文本进行艺术化处理的功能，使用艺术字，可使文本具有特殊的艺术效果，例如，可以拉伸标题，对文本变形，使文本适应预设形状，或应用渐变填充等。在幻灯片中既可以创建艺术字，也可以将现有文本转换成艺术字。

1. 创建艺术字

（1）选中要插入艺术字的幻灯片，单击"插入"选项卡"文本"组中的"艺术字"按钮，出现艺术字样式列表，如图 5-53 所示。

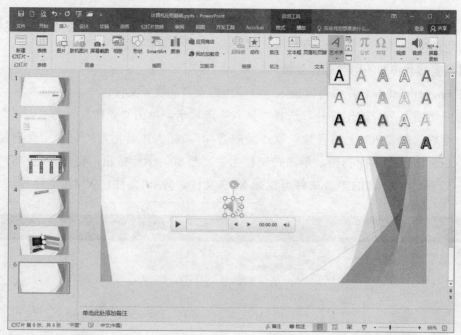

图 5-53　艺术字样式列表

（2）在艺术字样式列表中选择一种艺术字样式（如"渐变填充-红色，着色 1，反射"），出现指定样式的艺术字编辑框，其中内容为"请在此放置您的文字"，在艺术字编辑框中删除原有文本并输入艺术字文本（如"计算机系统"）。和普通文本一样，艺术字也可以改变字体和字号。

2．修饰艺术字

插入艺术字后，可以对艺术字内的填充（颜色、渐变、图片、纹理等）、轮廓线（颜色、粗细、线型等）和文本外观效果（阴影、发光、映像、棱台、三维旋转和转换等）进行修饰处理，使艺术字的效果更美观。

选中要修饰的艺术字，使其周围出现 8 个白色控点和一个绿色控点。拖动绿色控点可以任意旋转艺术字。

选中艺术字时，会出现"绘图工具/格式"选项卡，其中"艺术字样式"组含有的"文本填充""文本轮廓"和"文本效果"按钮用于修饰艺术字和设置艺术字外观效果。

（1）改变艺术字填充颜色的方法：选择艺术字，在"绘图工具/格式"选项卡"艺术字样式"组单击"文本填充"按钮，在出现的下拉列表中选择一种颜色，则艺术字内部用该颜色填充。也可以选择用渐变、图片或纹理填充艺术字。

（2）改变艺术字轮廓的方法：选择艺术字，在"绘图工具/格式"选项卡"艺术字样式"组单击"文本轮廓"按钮，在出现的下拉列表中选择一种颜色作为艺术字轮廓线颜色。

（3）改变艺术字效果的方法：选择艺术字，在"绘图工具/格式"选项卡"艺术字样式"组单击"文本效果"按钮，在出现的下拉列表中选择其中的效果（阴影、发光、映像、棱台、三维旋转和转换）进行设置。如选择"转换"中的"前近后远"，设置效果后的艺术字如图 5-54 所示。

图 5-54 设置效果后的艺术字

（4）确定艺术字位置的方法：用拖动艺术字的方法可以将它大致定位在某位置，如果希望精确定位艺术字，选择艺术字，在"绘图工具/格式"选项卡"大小"组单击右下角的"大小和位置"按钮，弹出"设置形状格式"面板，在左侧选择"位置"项，在右侧"水平"栏输入数据，可精确确定艺术字的位置。

3. 转换普通文本为艺术字

若想将幻灯片中已经存在的普通文本转换为艺术字，选择文本，单击"插入"选项卡"文本"组的"艺术字"按钮，在弹出的艺术字样式列表中选择一种样式，并适当修饰即可。

项目 4 幻灯片交互效果设置

项目分析

本项目要求掌握幻灯片中对象的动画设置、幻灯片切换效果的设置、幻灯片链接操作的设置。

任务 4.1 对象的动画设置

【任务目标】本任务要求学生掌握为幻灯片中的对象添加动画、设置动画效果、使用动画窗口、自定义动画路径、复制动画等基本操作。

【任务操作1】为对象添加动画。

为幻灯片设置动画效果可以使幻灯片中的对象按一定的规则和顺序运动起来，赋予它们进入、退出、大小或颜色变化甚至移动等视觉效果，既能突出重点，吸引观众的注意力，又使放映过程十分有趣。动画使用要适当，过多使用动画也会分散观众的注意力，不利于传达信息，设置动画应遵从适当、简化和创新的原则。

PowerPoint提供了4类动画："进入""强调""退出"和"动作路径"。"进入"动画：设置对象从外部进入或出现幻灯片播放画面的方式，如飞入、旋转、淡入、出现等。"强调"动画：设置在播放画面中需要进行突出显示的对象，起强调作用，如放大/缩小、更改颜色、加粗闪烁等。"退出"动画：设置播放画面中的对象离开播放画面时的方式，如飞出、消失、淡出等。"动作路径"动画：设置播放画面中的对象路径移动的方式，如弧形、直线、循环等。设置方法如下：

（1）选中要设置动画的对象，选择"动画"选项卡，单击"动画"组中的下拉列表，或单击"动画样式"按钮，出现4类动画选择列表，如图5-55所示。

图5-55　动画下拉列表

（2）如果在预设的列表中没有满意的动画设置，可以选择列表下面的"更多进入效果""更多强调效果""更多退出效果""其他动作路径"。图5-56为单击"更多进入效果"后打开的"更改进入效果"对话框，选择设置后，单击"确定"按钮。

【任务操作2】设置动画效果。

为对象设置动画后，可以为动画设置效果，设置动画开始播放的时间，调整动画速度等。

（1）选中幻灯片中的对象，选择"动画"选项卡下"动画"组的"效果选项"按钮，可选择下拉列表中的选项对对象的动画设置效果。如图5-57所示，选中幻灯片中的组合图形，单击"效果选项"，下拉列表中出现可选的效果。

图 5-56　"更改进入效果"对话框

图 5-57　设置对象动画效果

（2）单击"动画"选项卡下"计时"组的"开始"下拉按钮，出现动画播放时间选项，如图 5-58 所示。

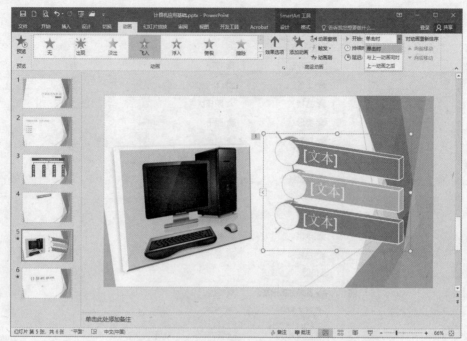

图 5-58　设置动画开始播放的时间

（3）在"计时"组的"持续时间"调整框中输入时间值可以设置动画放映时的储蓄时间，持续时间越长，放映速度越慢。

【任务操作 3】使用动画窗格。

当对多个对象设置动画后，可以按设置时的顺序播放，也可以调整动画的播放顺序，使用"动画窗格"或"动画"选项卡下的"计时"组可以查看和改变动画顺序，也可以调整动画播放时的时长等。

（1）选中设置多个对象动画的幻灯片，单击"动画"选项卡"高级动画"组的"动画窗格"按钮，在幻灯片的右侧出现"动画窗格"，窗格中出现了当前的幻灯片中设置动画的对象名称及对应的动画顺序，将鼠标指针移近窗格中某名称会显示动画效果，单击"播放"按钮会预览幻灯片播放时的动画效果。

（2）选中"动画窗格"中的某对象名称，利用窗格下方"重新排序"中的上移或下移按钮，或拖动窗格中的对象名称，可以改变幻灯片中对象的动画播放顺序。

（3）在"动画窗格"中，使用鼠标拖动时间条的边框可以改变对象动画放映的时间长度，拖动时间条可以改变动画开始时的延迟时间，图 5-59 为改变动画顺序和播放时长的设置；使用"动画"选项卡下"计时"命令组的"对动画重新排序"功能也能够实现动画顺序的改变。

（4）选中"动画窗格"中的某对象名称，单击其右侧的下拉按钮，在下拉列表中出现"效果选项"，如图 5-60 所示，单击"效果选项"，出现当前对象动画效果设置对话框，如图 5-61 所示，可以对组合图形"内容占位符"的"出现"动画效果进行重新设置。在下拉列表中还可以进行其他（如"计时"）设置。

图 5-59　"动画窗格"设置

图 5-60　对象动画效果设置

图 5-61 "出现"动画效果设置

【任务操作 4】自定义动画路径。

预设的路径动画如不能满足用户的设计要求，用户还可以通过自定义动画路径来设计对象的动画路径。

（1）选中幻灯片中的对象，选择"动画"选项卡下"高级动画"组的"添加动画"按钮，在下拉列表中选择"自定义路径"选项，如图 5-62 所示。

图 5-62 选择"自定义路径"选项

（2）将鼠标指针移至幻灯片上，鼠标指针变成"＋"字形时，可建立路径的起始点，鼠标指针变成画笔，移动鼠标，画出自定义的路径，双击鼠标可确定终点，之后动画会按路径预览一次，如图 5-63 所示。

图 5-63 绘制自定义动画路径

（3）选中已经定义的动画路径，右击，在弹出的快捷菜单中选择"编辑顶点"命令，在出现的黑色顶点上再右击，在弹出的快捷菜单中选择"平滑顶点"命令，可修改动画路径，如图 5-64 所示。

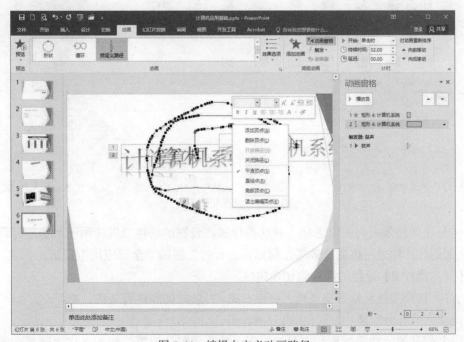

图 5-64 编辑自定义动画路径

【任务操作5】复制动画。

如果某对象预设置成与已设置动画效果的对象相同的动画，可以使用"动画"选项卡下"高级动画"组的"动画刷"完成。选中幻灯片上的某对象，单击"动画刷"按钮，可以复制该对象的动画，单击另一对象，其动画设置复制到了该对象上，双击"动画刷"按钮，可以将同一动画设置复制到多个对象上。

任务 4.2   幻灯片切换效果

【任务目标】本任务要求学生掌握设置幻灯片的切换样式、设置幻灯片的切换属性、预览切换效果。

【任务操作1】设置幻灯片的切换样式。

（1）打开演示文稿，选择要设置幻灯片切换效果的一张或多张幻灯片，选择"切换"选项卡"切换到此幻灯片"组中的下拉列表，显示"细微型""华丽型"和"动态内容"切换效果列表，如图 5-65 所示。

图 5-65   设置切换方案

（2）在切换效果列表中选择一种切换样式，设置的切换效果应用于所选幻灯片。如希望全部幻灯片均采用该切换效果，可单击"计时"组的"全部应用"按钮。

【任务操作2】设置幻灯片的切换属性。

幻灯片切换属性包括效果选项、换片方式、持续时间和声音效果，如可设置"自左侧"效果、"单击鼠标时"换片、"打字机"声音等。

（1）幻灯的片切换效果如不另行设置，均采用默认设置，例如采用"随机线条"切换效果，切换属性默认为：效果选项为"垂直"，换片方式为"单击鼠标时"，持续时间为"1秒"，而声音效果为"无声音"。如果对默认切换属性不满意，可以自行设置。

（2）在"切换"选项卡"切换到此幻灯片"组中单击"效果选项"按钮，在出现的下拉列表中选择一种切换效果；在"计时"组右侧设置换片方式，如"设置自动换片时间"，表示经过该时间段后自动切换到下一张幻灯片；在"计时"组左侧设置切换声音，单击"声音"下拉按钮，在弹出的下拉列表中选择一种切换声音，如"鼓掌"；在"持续时间"调整框输入切换持续时间，如图 5-66 所示。

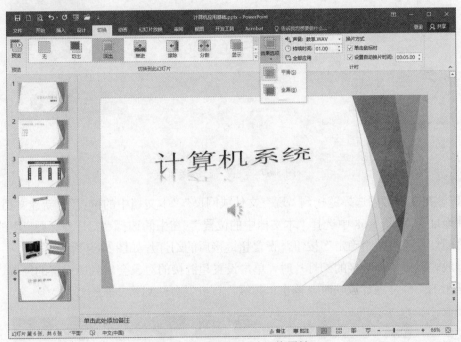

图 5-66　设置幻灯片切换属性

【任务操作 3】预览切换效果。

选择"动画"选项卡，单击"预览"组的"预览"按钮，可预览幻灯片所设置的切换效果。

任务 4.3　幻灯片链接操作

【任务目标】本任务要求学生掌握为幻灯片中的对象添加超链接和动作的方法。

【任务操作 1】设置超链接。

幻灯片放映时用户可以通过使用超链接和动作来增加演示文稿的交互效果。设置超链接和动作可以使其从本幻灯片上跳转到其他幻灯片、文件、外部程序或网页上，起到演示文稿放映过程的导航作用。

（1）选择要建立超链接的幻灯片，选中要建立超链接的对象，如图 5-67 所示，选中"超级计算机"文本，选择"插入"选项卡下"链接"组的"超链接"按钮，或右击，在弹出的快捷菜单中选择"超链接"命令，打开"插入超链接"对话框，如图 5-68 所示。

图 5-67　设置"超链接"

（2）在左侧可以选择链接到"现有文件或网页""本文档中的位置""新建文档""电子邮件地址"，在图 5-68 中选择"本文档中的位置"，在中间选择"幻灯片标题"下的标号为 2 的幻灯片，单击"确定"按钮，设置超链接后的幻灯片如图 5-69 所示。

当放映设置了超链接的幻灯片时，单击设置超链接的对象会转到所设置的位置，对图 5-69 所示的幻灯片进行放映时，单击"超级计算机"会转到第 2 张幻灯片。

图 5-68　"插入超链接"对话框

图 5-69　设置超链接后的幻灯片

如欲改变超链接设置，可选择已设置超链接的对象，右击，在弹出的快捷菜单中选择"编辑超链接"，可对选择的超链接进行重新设置。

【任务操作2】设置动作。

（1）选择要建立动作的幻灯片，在幻灯片中插入或选择作为动作启动的图片，如图5-70所示，单击"插入"选项卡下"链接"组的"动作"按钮，打开"操作设置"对话框，如图5-71所示。

图 5-70　选择"动作"命令

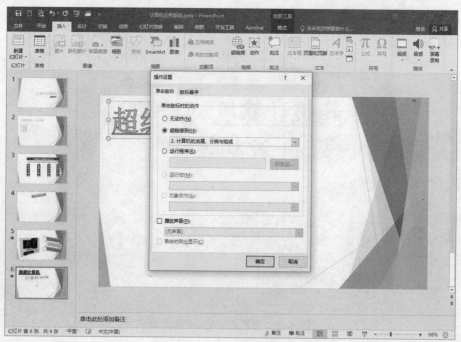

图 5-71　"操作设置"对话框

（2）在对话框中可以选择"单击鼠标"或"鼠标悬停"选项卡，在图 5-71 中选择"单击鼠标"，选中"超链接到"单选按钮，在其下拉列表选择所需的选项，此处选择"幻灯片"，打开"超链接到幻灯片"对话框，如图 5-72 所示，选择第 5 张幻灯片，单击"确定"按钮。

图 5-72　"超链接到幻灯片"对话框

项目 5 幻灯片的放映和输出

 项目分析

本项目要求掌握幻灯片的放映设置，掌握排练计时设置，掌握演示文稿的打包，掌握演示文稿的打印及输出。

任务 5.1 幻灯片放映设置

【任务目标】本任务要求学生掌握幻灯片的放映设置，掌握如何采用排练计时。

【任务操作 1】设置放映方式。

设计和制作完成后的演示文稿要放映演示才能达到用户的需求，通常情况下可以按 F5 键，单击视图按钮的"幻灯片放映"按钮或利用"幻灯片放映"选项卡下的"开始放映幻灯片"组进行幻灯片放映，使用鼠标单击或按键一张一张地播放，但由于使用场合的不同，PowerPoint 提供幻灯片放映时的设置功能也不同，还可以将幻灯片打包输出、转换输出及进行打印等。

（1）打开要放映的演示文稿，选择"幻灯片放映"选项卡下"设置"组的"设置幻灯片放映"按钮，弹出"设置放映方式"对话框，如图 5-73 所示。

图 5-73 "设置放映方式"对话框

演示文稿有 3 种放映类型：演讲者放映、观众自行浏览和在展台浏览，通常选择"演讲者放映"类型。

演讲者放映：演讲者放映是全屏幕放映，这种放映方式适合会议或教学的场合，放映过程完全由演讲者控制。

观众自行浏览：展览会上若允许观众交互式控制放映过程，则适合采用这种方式。它允许观众利用窗口命令控制放映进程，观众可以利用窗口右下方的左右箭头，分别切换到前一张幻灯片和后一张幻灯片（或按 PageUp 和 PageDown 键），利用两箭头之间的"菜单"命令，将弹出放映控制菜单，利用菜单的"定位至幻灯片"命令，可以方便快速地切换到指定的幻灯片，按 Esc 键可以终止放映。

在展台浏览：这种放映方式采用全屏幕放映，适用于展示产品的橱窗和展览会上自动播放产品信息的展台，可手动播放，也可采用事先排练好的演示时间自动循环播放，此时观众只能观看不能控制。

（2）在对话框的"放映类型"栏中可以选择"演讲者放映（全屏幕）""观众自行浏览（窗口）"和"在展台浏览（全屏幕）"3 种方式之一。

（3）在对话框的"放映幻灯片"栏中可以确定幻灯片的放映范围（全部或部分幻灯片）。播放部分幻灯片时，可以指定放映幻灯片的开始序号和终止序号。

（4）在对话框的"换片方式"栏中可以选择控制放映速度的换片方式。"演讲者放映（全屏幕）"和"观众自行浏览（窗口）"放映方式通常采用"手动"换片方式；而"在展台浏览（全屏幕）"方式通常事先进行了排练，可选择"如果存在排练时间，则使用它"换片方式，使其自行播放。

【任务操作 2】采用排练计时。

（1）打开要放映的演示文稿，选择"幻灯片放映"选项卡下"设置"组的"排练计时"按钮，此时，幻灯片进行播放，弹出"录制"工具栏，显示当前幻灯片的放映时间和当前总放映时间，如图 5-74 所示。

图 5-74　"录制"工具栏

（2）按用户的需求切换幻灯片，在新的一张幻灯片放映时，幻灯片放映时间会重新计时，总放映时间累加计时，其间可以暂停播放。幻灯片放映排练结束时，弹出是否保存排练时间选项，如选择"是"，在幻灯片浏览视图模式下，在每张幻灯片的左下角显示该张幻灯片放映时间，如幻灯片的类型选择"在展台浏览（全屏幕）"，幻灯片将按照排练时间自行播放。

（3）在幻灯片浏览视图模式下，选中某张幻灯片，调整"切换"选项卡下的"计时"组的"持续时间"编辑框，可以修改该张幻灯片的放映时间，如图 5-75 所示。

利用"幻灯片放映"选项卡下"设置"组的"录制幻灯片演示"按钮可以在放映排练时为幻灯片录制旁白声音并保存；选中某张幻灯片，利用"隐藏幻灯片"按钮可以在放映幻灯片时不出现该张幻灯片。利用"幻灯片放映"选项卡下"开始放映幻灯片"组的"自定义幻灯片放映"按钮可以为演示文稿的幻灯片建立多种放映方案，在不同的方案中选择不同的幻灯片放映。

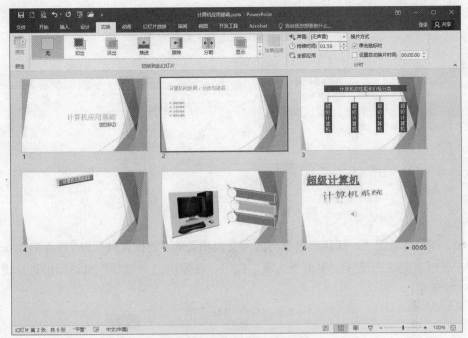

图 5-75　修改幻灯片放映时间

　　在幻灯片放映时，右击，在弹出的快捷菜单中选择"指针选项"，在其下级列表中选择"笔""荧光笔""墨迹颜色"等命令，利用鼠标在幻灯片上勾画重要内容，再次使用"指针选项"可擦去笔迹。

任务 5.2　演示文稿的输出

　　【任务目标】本任务要求学生掌握演示文稿的打包，掌握如何运行打包后的演示文稿。
　　【任务操作 1】打包演示文稿。

　　制作完成的演示文稿的扩展名为 pptx，可以直接在安装 PowerPoint 应用程序的环境下演示，如果计算机上没有安装 PowerPoint，演示文稿文件就不能直接演示。PowerPoint 提供了演示文稿打包功能，将演示文稿打包到文件夹或 CD，甚至可以把 PowerPoint 播放器和演示文稿一起打包。这样即使没有安装 PowerPoint 应用程序的计算机也能放映演示文稿。演示文稿转换成放映格式，可在没有安装 PowerPoint 的计算机上放映。

　　演示文稿可以打包到磁盘的文件夹或 CD（需刻录机和空白 CD）上。打包到 CD 上同时打包到文件夹的方法如下：

　　（1）打开要打包的演示文稿，单击"文件"选项卡"保存并发送"命令，然后双击"将演示文稿打包成 CD"命令，弹出"打包成 CD"对话框，如图 5-76 所示；单击"复制到文件夹"按钮则演示文稿打包到指定的文件夹中，若单击"复制到 CD"按钮，则演示文稿打包到 CD 上。

　　（2）在对话框中显示了当前要打包的演示文稿，若希望将其他演示文稿也一起打包，则单击"添加"按钮，出现"添加文件"对话框，从中选择要打包的文件。

图 5-76　"打包成 CD" 对话框

（3）在默认情况下，打包应包含与演示文稿相关的"链接文件"和"嵌入的 TrueTyPe
字体"，若想改变这些设置，单击"选项"按钮，在弹出的"选项"对话框中进行设置，
如图 5-77 所示。

图 5-77　"选项"对话框

（4）在"打包成 CD"对话框中选择"复制到文件夹"命令，出现"复制到文件夹"
对话框，输入文件夹名称和路径，并单击"确定"按钮，则系统开始打包并存放到设定的
文件夹中。

（5）若已经安装光盘刻录设备，在"打包成 CD"对话框中选择"复制到 CD"命令
也可以将演示文稿打包到 CD，此时要求在光驱中放入空白光盘，出现"正在将文件复制
到 CD"对话框，提示复制的进度，完成其后的操作，打包完成。

【任务操作 2】运行打包的演示文稿。

演示文稿打包后，就可以在没有安装 PowerPoint 应用程序的环境下放映演示文稿。打
开包含打包文件的文件夹，在连网的情况下，双击该文件夹的网页文件，在打开的网页上
单击 Download Viewer 按钮，下载 PowerPoint 播放器 PowerPointViewer.exe 并安装；启动
PowerPoint 播放器，出现 Microsoft PowerPoint Viewer 对话框，定位到打包文件夹，选择
某个演示文稿文件，并单击"打开"按钮，即可放映该演示文稿。打包到 CD 的演示文稿
文件，可在读光盘后自动播放。

【任务操作 3】将演示文稿转换为直接放映格式。

将演示文稿转换成直接放映格式后，也可以在没有安装 PowerPoint 应用程序的计算机上直接放映。

打开演示文稿，单击"文件"选项卡"保存并发送"命令；双击"更改文件类型"项的"PowerPoint 放映"命令，出现"另存为"对话框，其中自动选择保存类型为"PowerPoint 放映（*.ppsx）"，选择存放路径和输入文件名后单击"保存"按钮即可。双击放映格式（*.ppsx）文件即可放映该演示文稿。

任务 5.3　演示文稿的打印

【任务目标】本任务要求学生掌握演示文稿的页面设置，掌握演示文稿的打印。

【任务操作 1】页面设置。

打开演示文稿，选择"设计"选项卡下"幻灯片大小"组的"自定义幻灯片大小"按钮，弹出"幻灯片大小"对话框，如图 5-78 所示；在对话框内可对幻灯片的大小、宽度、高度、方向等进行设置，在幻灯片浏览视图下可看到页面设置后的效果。

图 5-78　"幻灯片大小"对话框

【任务操作 2】打印预览。

选择"文件"选项卡，选择"打印"选项，可以预览幻灯片的打印效果，可以设置演示文稿打印的幻灯片范围、打印版式、打印数量、打印方向等。

案例实训

【实训要求】

利用项目二案例实训的素材，制作含有 7 张幻灯片的演示文稿，命名为"计算机系统分类"，要求如下：

（1）设置第 1 张幻灯片为"图片与标题"版式，第 2 张幻灯片为"空白"版式，第 3～6 张幻灯片为"两栏内容"版式，第 7 张幻灯片为"空白"版式；设置所有幻灯片背景样式格式为"渐变填充"，预设颜色为"碧海青天"，类型为"标题的阴影"，渐变光圈颜色为"红色，强调文字 2，深色 25%"。

（2）第 1 张幻灯片标题为"计算机系统分类"，华文中宋，44 号，黑色；第 2 张幻灯片在空白处插入 SmartArt 图形"水平多层层次结构"，添加形状使图形成为一个垂直文本框和四个文本框的列表，更改图形主题颜色为"彩色范围，强调文字颜色 5，6"，设置"砖块场景"立体效果，在每个文本框中依次输入"计算机系统分类""巨型计算机""大型计算机""小型计算机""微型计算机"，调整字体和字号。

（3）第 3～6 张幻灯片，标题内容分别为素材中各段的标题，左侧内容为从素材中心选择的主要文字介绍，加项目符号，内容左对齐，右侧为各段相应的图片，调整图片位置和大小、字体和字号；在第 7 张幻灯片中插入艺术字，内容为"谢谢"。

（4）为幻灯片中的对象设置动画效果，为幻灯片设置切换方式。

【实训步骤】

（1）启动 PowerPoint 系统，新建演示文稿，默认命名为"演示文稿1"。

（2）单击"文件"选项卡下"另存为"命令，保存演示文稿，可将该演示文稿命名为"计算机系统分类"，也可在操作结束后保存并命名。

（3）打开"计算机系统分类"演示文稿，选择"开始"选项卡，单击"幻灯片"组的"新建幻灯片"按钮建立 7 张幻灯片，利用"版式"按钮设置 7 张幻灯片的版式；单击"插入"选项卡下"背景"按钮组的"背景样式"按钮设置幻灯片背景样式。

（4）选中第 2 张幻灯片，选择"插入"选项卡"插图"组，单击"插入 SmartArt" 按钮，插入"水平多层层次结构"图形，添加形状。

（5）将素材文件夹中"计算机系统分类.doc"中的文本和图片按题目要求放入幻灯片中；选择"动画"选项卡"动画"组的选项为幻灯片的对象设置适当的动画。

（6）选中第 7 张幻灯片，选择"插入"选项卡"文本"组的"艺术字"按钮，插入"谢谢"艺术字，并设置适当效果。为所有幻灯片添加切换方式，保存演示文稿。

扫一扫二维码，查看模块实训任务。

模块实训

扫一扫二维码，查看课后习题。

课后习题

回顾本模块的学习过程，将你获得的知识、技能、感悟等，以文字或思维导图的形式总结记录下来。

老师评价：

同学评价：

模块六　信息素养与社会责任

模块重点

- 信息素养和社会责任
- 信息伦理
- 信息安全及自主可控
- 职业道德

教学目标

- 了解信息素养的概念和内容
- 了解信息伦理
- 了解信息安全及自主可控的要求
- 了解相关法律法规
- 了解职业道德

思政园地

　　故不积跬步，无以至千里；不积小流，无以成江海。骐骥一跃，不能十步；驽马十驾，功在不舍。锲而舍之，朽木不折；锲而不舍，金石可镂。蚓无爪牙之利，筋骨之强，上食埃土，下饮黄泉，用心一也。蟹六跪而二螯，非蛇鳝之穴无可寄托者，用心躁也。

——《荀子·劝学》

　　译文　所以不积累一步半步的行程，就没有办法达到千里之远；不积累细小的流水，就没有办法汇成江河大海。骏马一跨跃，也不足十步远；劣马拉车走十天，也能走得很远，它的成功就在于不停地走。如果刻几下就停下来了，那么腐烂的木头也刻不断。如果不停地刻下去，那么金石也能雕刻成功。蚯蚓没有锐利的爪子和牙齿，强健的筋骨，却能向上吃到泥土，向下可以喝到泉水，这是由于它用心专一啊。螃蟹有六条腿，两个蟹钳，但是如果没有蛇、鳝的洞穴它就无处存身，这是因为它用心浮躁啊。

项目 1 信息素养和社会责任

 项目分析

本项目主要介绍信息素养的发展、定义、内容、要素、特征和信息社会责任。

任务 1.1 信息素养的发展、定义、内容、要素、特征

【任务目标】本任务要求学生了解信息素养的发展、定义、内容、要素、特征。

1. 信息素养的发展

信息素养概念的酝酿始于美国图书检索技能的演变。1974 年，美国信息产业协会主席 Paul Zurkowski 率先提出了信息素养这一全新概念，并解释为"利用大量的信息工具及主要信息源使问题得到解答的技能"。信息素养概念一经提出，便得到广泛传播和使用。世界各国的研究机构纷纷围绕如何提高信息素养展开了广泛的探索和深入的研究，对信息素养概念的界定、内涵和评价标准等提出了一系列新的见解。

2. 信息素养的定义

信息素养更确切的名称应该是信息文化。

信息素养是一种基本能力：信息素养是一种对信息社会的适应能力。美国教育技术 CEO 论坛 2001 年第 4 季度报告提出 21 世纪的能力素质，包括基本学习技能（指读、写、算）、信息素养、创新思维能力、人际交往与合作精神、实践能力。信息素养是其中一个方面，它涉及信息的意识、信息的能力和信息的应用。

信息素养是一种综合能力：信息素养涉及各方面的知识，是一个特殊的涵盖面很宽的能力，它包含人文的、技术的、经济的、法律的诸多因素，和许多学科有着紧密的联系。信息技术支持信息素养，通晓信息技术，强调对技术的理解、认识和使用技能。而信息素养的重点是内容、传播、分析，包括信息检索以及评价，涉及更宽的方面。它是一种了解、搜集、评估和利用信息的知识结构，既需要通过熟练的信息技术，也需要通过完善的调查方法，通过鉴别和推理来完成。信息素养是一种信息能力，信息技术是它的一种工具。

3. 信息素养的内容

信息素养包括关于信息和信息技术的基本知识和基本技能，运用信息技术进行学习、合作、交流和解决问题的能力，以及信息的意识和社会伦理道德问题。具体而言，信息素养应包含以下 5 个方面的内容：

（1）热爱生活，有获取新信息的意愿，能够主动地从生活实践中不断地查找、探究新信息。

（2）具有基本的科学和文化常识，能够较为自如地对获得的信息进行辨别和分析，正确地加以评估。

（3）可灵活地支配信息，较好地掌握选择信息、拒绝信息的技能。

（4）能够有效地利用信息，表达个人的思想和观念，并乐意与他人分享不同的见解

或资讯。

（5）无论面对何种情境，能够充满自信地运用各类信息解决问题，有较强的创新意识和进取精神。

4. 信息素养的要素

信息素养的 4 个要素共同构成一个不可分割的统一整体，其中信息意识是先导，信息知识是基础，信息能力是核心，信息道德是保证。

信息素养中信息道德包含了知识产权内容，知识产权制度反过来增强人们信息意识，促进信息道德的建立；知识产权本身作为信息资源中最具价值的部分，是推动知识经济和信息化社会发展的中坚力量，而知识产权制度又是知识经济和信息化社会有效的动力和保障机制。

5. 信息素养的特征

在信息社会中，物质世界正在隐退到信息世界的背后，各类信息组成人类的基本生存环境，影响着芸芸众生的日常生活方式，因而构成了人们日常经验的重要组成部分。虽然信息素养在不同层次的人们身上体现的侧重面不一样，但概括起来，它主要具有五大特征：捕捉信息的敏锐性、筛选信息的果断性、评估信息的准确性、交流信息的自如性和应用信息的独创性。

 知识拓展

扫一扫二维码，查看更多信息素养拓展知识。

信息素养拓展知识

任务 1.2 信息社会责任

【任务目标】本任务要求学生了解信息社会责任。

1. 信息社会责任的内涵

（1）遵守信息相关法律，维持信息社会秩序。法律是最重要的行为规范系统，信息法凭借国家强制力，对信息行为起强制性调控作用，进而维持信息社会秩序，具体包括规范信息行为、保护信息权利、调整信息关系、稳定信息秩序。

2017 年 6 月，我国开始实施的《网络安全法》是为了保障网络安全，维护网络空间主权和国家安全、社会公共利益，保护公民、法人和其他组织的合法权益，促进经济社会信息化健康发展而制定的法律。其中的第十二条明文规定：任何个人和组织使用网络应当遵守宪法法律，遵守公共秩序，尊重社会公德，不得危害网络安全，不得利用网络从事危害国家安全、荣誉和利益，煽动颠覆国家政权、推翻社会主义制度，煽动分裂国家、破坏国家统一，宣扬恐怖主义、极端主义，宣扬民族仇恨、民族歧视，传播暴力、淫秽色情信息，编造、传播虚假信息扰乱经济秩序和社会秩序，以及侵害他人名誉、隐私、知识产权和其他合法权益等活动。

（2）尊重信息相关道德伦理，恪守信息社会行为规范。20 世纪 70 年代以来，一直存在关于信息伦理和信息素养的讨论，不过早期的讨论主要围绕信息从业人员展开，将其视作信息从业人员的一种职业伦理和素养。进入 21 世纪以来，信息科技的日益普及显著地推动了经济社会各领域的深入发展，同时也切实改变了人们生活和社会交往的方式，现实世界与虚拟世界交融和并存的新时代逐渐成形。

虽然法律是社会发展不可缺少的强制手段，但是信息能够规范的信息活动范围有限，且对于高速发展的信息社会环境而言，法律表现出明显的滞后性。在秩序形成的初始阶段，伦理原则、道德准则的澄清则是立法的基础。

以个人隐私保护为例，该问题是信息伦理研究中最早出现的问题之一。在过去的很长时间内，每年都会新提出一些明确需要被保护的隐私内容，但是法律条文则无法做到如此快速地更新。如果说信息法律是信息活动中外在的强制性调控，那么信息伦理道德规范则是内在的自觉调控方式，二者目标一致，相互配合、相互补充。

（3）杜绝对国家、社会和他人的直接或间接危害。信息科技对社会的渗透无处不在，同时，互联网把全世界紧密联系在一起，地域的意义被削弱，全球经济一体化也因此浮出台面。传统的伦理道德观与地域文化和习俗有着千丝万缕的关联，因此同样面临演化的问题。例如，A 国的公民在其个人网站上发布了一些有争议的文件，B 国的公民可以访问该网站并下载这些文件，但下载行为会触犯 B 国的法律。那么，是否应该禁止 A 国的公民发布这些在 A 国合法但在 B 国不合法的文档？另外，智能终端的普及使时间和空间没有了阻隔，人与人之间的直接交流变得越来越少，导致了人们的集体意识越来越淡薄，社会意识也随之慢慢淡薄。

因特网的普及同样引发了匿名对实名的冲击，每个网民都可以到不同的站点用匿名的方式发表自己的思想、主张——不文明用语屡见不鲜，各种无视事实的"网络喷子"层出不穷，导致网络空间"乌烟瘴气"。此外，一则信息可能在短短几分钟内传播至数千乃至上万人。如果信息不实，可能会导致受众认识混乱；即使信息本身是真实的，网上批评和非议也很可能形成网络暴力，造成对当事人的过度审判。

当面对未知、疑惑或者两难局面的时候，"扬善避恶"是最基本的出发点，其中的"避恶"更为重要。每个信息社会成员都要从自身做起，如同在真实世界中一样，做事前审慎思考，杜绝对国家、社会和他人的直接或间接危害。

（4）关注信息科技革命带来的环境变化与人文挑战。随着现代科学技术的发展，人们所关注的道德对象逐渐演化为人与自然、人与操作对象、人与他人、人与社会以及人与自我 5 个方面。如果进一步细分，还有人与信息、人与信息技术（媒体、计算机、网络等）等各种复杂的关系。

急剧的社会变迁不可避免地会带来一些观念上的碰撞与文化上的冲突。例如，知识产权是指创造性智力成果的完成人或商业标志的所有人依法所享有的权利的统称。知识产权的有效保护对科学技术的发展起到了极大的促进作用，但同时也在一定程度上阻碍了新技术的推广，"开源"的理念随之产生。时至今日，信息科技类开源产品的种类、数量繁多，使用也非常广泛。软件开源运动也证明，开放源代码之后，由来自不同背景的参与者协作完成的程序，质量并不低于大型信息科技公司的产品。获得开放软件源码是免费的，但对所获取源码的使用却需要遵循该开源软件的许可协议。

知识拓展

扫一扫二维码，查看信息技术的发展、变化趋势等相关知识。

信息技术的发展、
变化趋势

项目 2   信息安全及自主可控

项目分析

本项目主要介绍信息安全和自主可控。

任务 2.1   信息安全

【任务目标】本任务要求学生了解信息安全的定义、目标、原则、发展趋势及挑战。

1. 信息安全的定义

信息安全，ISO（国际标准化组织）的定义为：为数据处理系统建立和采用的技术、管理上的安全保护，为的是保护计算机硬件、软件、数据不因偶然和恶意的原因而遭到破坏、更改和泄露。

2. 信息安全的目标

所有的信息安全技术都是为了达到一定的安全目标，其核心包括保密性、完整性、可用性、可控性和不可否认性五个安全目标。

- 保密性（Confidentiality）是指阻止非授权的主体阅读信息。它是信息安全一诞生就具有的特性，也是信息安全主要的研究内容之一。更通俗地讲，就是说未授权的用户不能够获取敏感信息。对纸质文档信息，我们只需要保护好文件，不被非授权者接触即可。而对计算机及网络环境中的信息，不仅要制止非授权者对信息的阅读，也要阻止授权者将其访问的信息传递给非授权者，以致信息被泄漏。

- 完整性（Integrity）是指防止信息被未经授权人的篡改。它是保护信息保持原始的状态，使信息保持其真实性。如果这些信息被蓄意地修改、插入、删除等，形成虚假信息将带来严重的后果。

- 可用性（Availability）是指授权主体在需要信息时能及时得到服务的能力。可用性是在信息安全保护阶段对信息安全提出的新要求，也是在网络化空间中必须满足的一项信息安全要求。

- 可控性（Controlability）是指对信息和信息系统实施安全监控管理，防止非法利用信息和信息系统。

- 不可否认性（Non-repudiation）是指在网络环境中，信息交换的双方不能否认其在交换过程中发送信息或接收信息的行为。

信息安全的保密性、完整性和可用性主要强调对非授权主体的控制。而对授权主体的不正当行为如何控制呢？信息安全的可控性和不可否认性恰恰是通过对授权主体的控制，实现对保密性、完整性和可用性的有效补充，主要强调授权用户只能在授权范围内进行合法的访问，并对其行为进行监督和审查。

除了上述的信息安全五性外，还有信息安全的可审计性（Audiability）、可鉴别性（Authenticity）等。信息安全的可审计性是指信息系统的行为人不能否认自己的信息处理行为。与不可否认性的信息交换过程中行为可认定性相比，可审计性的含义更宽泛一些。信息安全的可见鉴别性是指信息的接收者能对信息的发送者的身份进行判定。它也是一个与不可否认性相关的概念。

3. 信息安全的原则

为了达到信息安全的目标，各种信息安全技术的使用必须遵守一些基本的原则。

● 最小化原则。受保护的敏感信息只能在一定范围内被共享，履行工作职责和职能的安全主体，在法律和相关安全策略允许的前提下，为满足工作需要，仅被授予访问信息的适当权限，称为最小化原则。敏感信息的"知情权"一定要加以限制，是在"满足工作需要"前提下的一种限制性开放。可以将最小化原则细分为知所必须（need to know）和用所必须（need to use）的原则。

● 分权制衡原则。在信息系统中，对所有权限应该进行适当的划分，使每个授权主体只能拥有其中的一部分权限，使他们之间相互制约、相互监督，共同保证信息系统的安全。如果一个授权主体分配的权限过大，无人监督和制约，就隐含了"滥用权力""一言九鼎"的安全隐患。

● 安全隔离原则。隔离和控制是实现信息安全的基本方法，而隔离是进行控制的基础。信息安全的一个基本策略就是将信息的主体与客体分离，按照一定的安全策略，在可控和安全的前提下实施主体对客体的访问。

在这些基本原则的基础上，人们在生产实践过程中还总结出一些实施原则，它们是基本原则的具体体现和扩展，包括整体保护原则、谁主管谁负责原则、适度保护的等级化原则、分域保护原则、动态保护原则、多级保护原则、深度保护原则和信息流向原则等。

4. 发展趋势及挑战

（1）新数据、新应用、新网络和新计算成为今后一段时期信息安全的方向和热点，给未来带来新挑战。物联网和移动互联网等新网络的快速发展给信息安全带来更大的挑战。物联网将会在智能电网、智能交通、智能物流、金融与服务业、国防军事等众多领域得到应用。物联网中的业务认证机制和加密机制是安全上最重要的两个环节，也是信息安全产业中保障信息安全的薄弱环节。移动互联网快速发展带来的是移动终端存储的隐私信息的安全风险越来越大。

（2）传统的网络安全技术已经不能满足新一代信息安全产业的发展企业对信息安全的需求不断变化。传统的信息安全更关注防御、应急处置能力，但是，随着云安全服务的出现，基于软硬件提供安全服务模式的传统安全产业开始发生变化。在移动互联网、云计算兴起的新形势下，简化客户端配置和维护成本，成为企业对网络新的安全需求，也成为信息安全产业发展面临的新挑战。

（3）未来，信息安全产业发展的大趋势是从传统安全走向融合开放的大安全。随着互联网的发展，传统的网络边界不复存在，给未来的互联网应用和业务带来巨大改变，给信息安全也带来了新挑战。融合开放是互联网发展的特点之一，网络安全也因此正在向分布化、规模化、复杂化和间接化等方向发展，信息安全产业也将在融合开放的大安全环境中探寻发展。

任务 2.2　信息安全自主可控

【任务目标】本任务要求学生了解信息安全自主可控、目标、原则、发展趋势及挑战。

网络空间已成为国家继陆、海、空、天四个疆域之后的第五疆域，与其他疆域一样，网络空间也需体现国家主权，保障网络空间安全也就是保障国家主权。

自主可控是保障网络安全、信息安全的前提。能自主可控意味着信息安全容易治理、产品和服务一般不存在恶意后门并可以不断改进或修补漏洞；反之，不能自主可控就意味着具"他控性"，就会受制于人，其后果是：信息安全难以治理，产品和服务一般存在恶意后门并难以不断改进或修补漏洞。

1. 自主可控介绍

可控性是指对信息和信息系统实施安全监控管理，防止非法利用信息和信息系统，是实现信息安全的五个安全目标之一。而自主可控技术就是依靠自身研发设计，全面掌握产品核心技术，实现信息系统从硬件到软件的自主研发、生产、升级、维护的全程可控。简单地说就是核心技术、关键零部件、各类软件全都国产化，自己开发、自己制造，不受制于人。

自主可控是我们国家信息化建设的关键环节，是保护信息安全的重要目标之一，在信息安全方面意义重大。

2. 自主可控的四个层面

以下为倪光南院士对"自主可控"的全面诠释。

（1）知识产权。在当前的国际竞争格局下，知识产权自主可控十分重要，做不到这一点就一定会受制于人。如果所有知识产权都能自己掌握，当然最好，但实际上不一定能做到，这时，如果部分知识产权能完全买断，或能买到有足够自主权的授权，也能达到自主可控。然而，如果只能买到自主权不够充分的授权，例如某项授权在权利的使用期限、使用方式等方面具有明显的限制，就不能达到知识产权自主可控。目前国家一些计划对所支持的项目，要求首先通过知识产权风险评估，才能给予立项，这种做法是正确的、必要的。标准的自主可控可归入这一范畴。

（2）技术能力。技术能力自主可控，意味着要有足够规模的，能真正掌握该技术的科技队伍。技术能力可以分为一般技术能力、产业化能力、构建产业链能力和构建产业生态系统能力等层次。产业化能力的自主可控要求使技术不能停留在样品或试验阶段，而应能转化为大规模的产品和服务。产业链的自主可控要求在实现产业化的基础上，围绕产品和服务，构建一个比较完整的产业链，以便不受产业链上下游的制约，具备足够的竞争力。产业生态系统的自主可控要求能营造一个支撑该产业链的生态系统。

（3）发展。有了知识产权和技术能力的自主可控，一般是能自主发展的，但发展的自主可控，也是必要的。因为不但要看到现在，还要着眼于今后相当长的时期，对相关技术和产业而言，都能不受制约地发展。有一个例子可以说明长期发展的重要性。众所周知，前些年我国通过投资、收购等，曾经拥有了 CRT 电视机产业完整的知识产权和构建整个生态系统的技术能力。但是，外国跨国公司将 CRT 的技术都卖给中国后，它们立即转向了 LCD 平板电视，使中国的 CRT 电视机产业变成淘汰产业。信息领域技术和市场变化迅速，要防止出现类似事件。因此，如果某项技术在短期内效益较好，但从长期看做不到自主可控，一般说来是不可取的。只顾眼前利益，有可能会在以后造成更大的被动。

（4）国产资质。一般说来，"国产"产品和服务容易符合自主可控要求，因此实行国产替代对于达到自主可控是完全必要的。不过现在对于"国产"还没有统一的界定标准。某些观点显然是不合适的。如有人说，只要公司在中国注册、交税，就是"中国公司"，它的产品和服务就是"国产"。但实际上几乎所有世界 500 强都在中国注册了公司，难道它们都变成了中国公司了吗？也有人说，"本国产品是指在中国境内生产，且国内生产成本比例超过 50%的最终产品"，甚至还给出了按材料成本计算的公式。显然，这样的"标准"只适合粗放型产品，完全不适用于高技术领域。倒是美国国会在 1933 年通过的《购买美国产品法》可以给我们一个启示，该法案要求联邦政府要采购本国产品，即在美国生产的增值达到 50%以上的产品，进口件组装的不算本国产品。看来，美国采用上述"增值"准则来界定"国产"是比较合理的。

 知识拓展

信息安全和自主可控

国家多重利好政策下，国产信息化品牌迎来黄金时代。扫一扫二维码查看信息安全和自主可控的拓展知识。

项目 3　信息伦理与职业道德

 项目分析

本项目主要介绍信息伦理与职业道德。

任务 3.1　信息伦理

【任务目标】本任务要求学生了解信息伦理的定义、结构内容。

1. 信息伦理的定义

信息伦理是指涉及信息开发、信息传播、信息的管理和利用等方面的伦理要求、伦理准则、伦理规约，以及在此基础上形成的新型的伦理关系。信息伦理又称信息道德，它是调整人们之间以及个人和社会之间信息关系的行为规范的总和。

2. 信息伦理结构内容

信息伦理不是由国家强行制定和强行执行的，是在信息活动中以善恶为标准，依靠人们的内心信念和特殊社会手段维系的。信息伦理结构的内容可概括为两个方面三个层次。

（1）两个方面。所谓两个方面，即主观方面和客观方面。前者指人类个体在信息活动中以心理活动形式表现出来的道德观念、情感、行为和品质，如对信息劳动的价值认同，对非法窃取他人信息成果的鄙视等，即个人信息道德；后者指社会信息活动中人与人之间的关系以及反映这种关系的行为准则与规范，如扬善抑恶、权利义务、契约精神等，即社会信息道德。

（2）三个层次。所谓三个层次，即信息道德意识、信息道德关系、信息道德活动。信息道德意识是信息伦理的第一个层次，包括与信息相关的道德观念、道德情感、道德意志、道德信念、道德理想等。它是信息道德行为的深层心理动因。信息道德意识集中地体现在信息道德原则、规范和范畴之中；信息道德关系是信息伦理的第二个层次，包括个人与个人的关系、个人与组织的关系、组织与组织的关系。这种关系是建立在一定的权利和义务的基础上，并以一定信息道德规范形式表现出来的。如联机网络条件下的资源共享，网络成员既有共享网上资源的权利（尽管有级次之分），也要承担相应的义务，遵循网络的管理规则。成员之间的关系是通过大家共同认同的信息道德规范和准则维系的。信息道德关系是一种特殊的社会关系，是被经济关系和其他社会关系所决定、所派生出的人与人之间的信息关系，信息道德活动是信息伦理的第三层次，包括信息道德行为、信息道德评价、信息道德教育和信息道德修养等。这是信息道德的一个十分活跃的层次。信息道德行为即人们在信息交流中所采取的有意识的、经过选择的行动。根据一定的信息道德规范对人们的信息行为进行善恶判断即为信息道德评价。按一定的信息道德理想对人的品质和性格进行陶冶就是信息道德教育。信息道德修养则是人们对自己的信息意识和信息行为的自我解剖、自我改造。信息道德活动主要体现在信息道德实践中。

总体来说，作为意识现象的信息伦理，它是主观的；作为关系现象的信息伦理，它是客观的；作为活动现象的信息伦理，则是主观见之于客观的。换言之，信息伦理是主观方面即个人信息伦理与客观方面即社会信息伦理的有机统一。

任务 3.2　职业道德

【任务目标】本任务要求学生了解社会主义职业道德的定义、基本规范和计算机从业人员职业道德的最基本要求和核心原则。

1. 社会主义职业道德的定义

社会主义职业道德是社会主义社会各行各业的劳动者在职业活动中必须共同遵守的基本行为准则。它是判断人们职业行为优劣的具体标准，也是社会主义道德在职业生活中的反映。因为集体主义贯穿于社会主义职业道德规范的始终，是正确处理国家、集体、个人关系的最根本的准则，也是衡量个人职业行为和职业品质的基本准则，是社会主义社会的客观要求，是社会主义职业活动获得成功的保证。

2. 社会主义职业道德的基本规范

（1）爱岗敬业。爱岗敬业是社会主义职业道德最基本、最起码、最普通的要求。爱岗敬业作为最基本的职业道德规范，是对人们工作态度的一种普遍要求。爱岗就是热爱自己的工作岗位，热爱本职工作，敬业就是要用一种恭敬严肃的态度对待自己的工作。

（2）诚实守信。诚实守信是做人的基本准则，也是社会道德和职业道德的一个基本规范。诚实就是表里如一，说老实话，办老实事，做老实人。守信就是信守诺言，讲信誉，重信用，忠实履行自己承担的义务。诚实守信是各行各业的行为准则，也是做人做事的基本准则，是社会主义最基本的道德规范之一。

（3）办事公道。办事公道是指对于人和事的一种态度，也是千百年来人们所称道的职业道德。它要求人们待人处世要公正、公平。

（4）服务群众。服务群众就是为人民群众服务，是社会全体从业者通过互相服务，促进社会发展，实现共同幸福。服务群众是一种现实的生活方式，也是职业道德要求的一个基本内容。服务群众是社会主义职业道德的核心，它是贯穿于社会共同的职业道德之中的基本精神。

（5）奉献社会。奉献社会就是积极自觉地为社会作贡献。这是社会主义职业道德的本质特征。奉献社会自始至终体现在爱岗敬业、诚实守信、办事公道和服务群众的各种要求之中。奉献社会并不意味着不要个人的正当利益，不要个人的幸福。恰恰相反，一个自觉奉献社会的人，他才真正找到了个人幸福的支撑点。奉献和个人利益是辩证统一的。

3. 计算机从业人员职业道德的最基本要求、核心原则

（1）计算机从业人员职业道德的最基本要求。法律是道德的底线，计算机职业从业人员职业道德的最基本要求就是国家关于计算机管理方面的法律法规。我国的计算机信息法规制定较晚，目前还没有一部统一的计算机信息法，但是全国人大、国务院和国务院的各部委等具有立法权的政府机关还是制定了一批管理计算机行业的法律法规，比较常见的有《全国人民代表大会常务委员会关于维护互联网安全的决定》《计算机软件保护条例》《互联网信息服务管理办法》《互联网电子公告服务管理办法》等，这些法律法规应当被每位计算机职业从业人员牢记，严格遵守这些法律法规正是计算机职业从业人员职业道德的最基本要求。

（2）计算机职业从业人员职业道德的核心原则。任何一个行业的职业道德都有其最基础、最具行业特点的核心原则，计算机行业也不例外。

世界知名的计算机道德规范组织 IEEE-CS/ACM 软件工程师道德规范和职业实践（SEEPP）联合工作组曾就此专门制订过一个规范，根据此项规范计算机职业从业人员职业道德的核心原则主要有以下两项。

原则一：计算机职业从业人员应当以公众利益为最高目标。

原则二：客户和雇主在保持与公众利益一致的原则下，计算机职业从业人员应注意满足客户和雇主的最高利益。

（3）计算机职业从业人员职业道德的其他要求。除了以上基础要求和核心原则，作为一名计算机职业从业人员还有一些其他职业道德规范应当遵守，比如：

1）按照有关法律、法规和有关机关团体的内部规定建立计算机信息系统。

2）以合法的用户身份进入计算机信息系统。

3）在工作中尊重各类著作权人的合法权利。

4）在收集、发布信息时尊重相关人员的名誉、隐私等合法权益。

模块实训

1. 阅读我国网络安全和信息化行业相关政策。

2. 分析自身信息素养的优点和不足，以及还应具备哪些素养和社会责任，促进自身发展。

课后习题

1. 简述什么是信息素养，信息素养的四要素是什么。

2. 信息社会责任的内涵是什么？

3. 信息安全的目标和原则是什么？

4. 简述自主可控的四个层面。

5. 什么是信息伦理？计算机从业人员职业道德的最基本要求是什么？

回顾本模块的学习过程，将你获得的知识、技能、感悟等，以文字或思维导图的形式总结记录下来。

老师评价：

同学评价：

参考文献

[1] 甘博，邢海燕．计算机应用基础（Windows 7+Office 2010）[M]．大连：东软电子出版社，2015.

[2] 陈静．计算机应用基础[M]．大连：东软电子出版社，2013.

[3] 温涛．计算机基础应用能力实训教程[M]．大连：东软电子出版社，2013.

[4] 胡浩江，田幼勤．计算机应用基础教程[M]．济南：黄河出版社，2010.

[5] 杨振山，龚沛曾．大学计算机基础[M]．4版．北京：高等教育出版社，2004.

[6] 山东省教育厅．计算机文化基础[M]．东营：中国石油大学出版社，2006.

[7] 冯博琴．大学计算机基础[M]．北京：高等教育出版社，2004.

[8] 王移芝，罗四维．大学计算机基础教程[M]．北京：高等教育出版社，2004.

[9] 李建华．加强高职生计算机应用能力的培养[J]．重庆：中国科学创新导刊，2008，（5）：213.

[10] 白雪琳．谈高校"计算机应用基础"课程教学改革[J]．北京：信息与电脑（理论版），2010，（8）：163.